Vue.js 前端开发
（全案例微课版）

刘荣英　编著

清华大学出版社

北　京

内 容 简 介

本书是针对零基础读者编写的网站前端开发入门教材，侧重案例实训，并提供扫码微课来讲解当前的热点案例。

本书分为16章，内容包括快速搭建开发与调试环境、熟悉Vue.js语法、指令、计算属性、精通监听器和过滤器、事件处理、Class与Style绑定、表单输入绑定、精通组件、玩转过渡和动画、脚手架Vue CLI、使用Vue Router开发单页面应用、状态管理——Vuex、数据请求库——axios等。最后通过两个热点综合项目，进一步帮助读者巩固项目开发经验。

本书通过精选热点案例，可以让初学者快速掌握网站前端开发技术，既适合作为自学教材，也可作为计算机相关专业的实训辅导教材。

本书封面贴有清华大学出版社防伪标签，无标签者不得销售。
版权所有，侵权必究。举报：010-62782989，beiqinquan@tup.tsinghua.edu.cn

图书在版编目(CIP)数据

Vue.js 前端开发：全案例微课版 / 刘荣英编著 . —北京：清华大学出版社，2021.10
ISBN 978-7-302-59361-4

Ⅰ. ①V… Ⅱ. ①刘… Ⅲ. ①网页制作工具—程序设计 Ⅳ. ① TP392.092.2

中国版本图书馆 CIP 数据核字 (2021) 第 210643 号

责任编辑：张彦青
封面设计：李　坤
责任校对：翟维维
责任印制：刘海龙

出版发行：清华大学出版社
网　　址：http://www.tup.com.cn，http://www.wqbook.com
地　　址：北京清华大学学研大厦 A 座　　邮　　编：100084
社 总 机：010-62770175　　邮　　购：010-62786544
投稿与读者服务：010-62776969，c-service@tup.tsinghua.edu.cn
质 量 反 馈：010-62772015，zhiliang@tup.tsinghua.edu.cn

印 装 者：小森印刷霸州有限公司
经　　销：全国新华书店
开　　本：185mm×260mm　　印　张：19.25　　字　数：468 千字
版　　次：2021 年 12 月第 1 版　　印　次：2021 年 12 月第 1 次印刷
定　　价：68.00 元

产品编号：087778-01

前　　言

"网站开发全案例微课版"系列图书是专门为网站开发和数据库初学者量身定做的一套学习用书。整套书涵盖网站开发、数据库设计等方面。

本套书具有以下特点。

前沿科技

无论是数据库设计还是网站开发，精选的都是较为前沿或者用户群最多的领域，以帮助大家认识和了解行业技术的最新动态。

权威的作者团队

组织国家重点实验室和资深应用专家联手编著本套图书，融合了丰富的教学经验与优秀的管理理念。

学习型案例设计

以技术的实际应用过程为主线，全程采用图解和多媒体同步结合的教学方式，生动、直观、全面地剖析使用过程中的各种应用技能，以降低学习难度，提升学习效率。

扫码看视频

通过微信扫码看视频，可以随时在移动端学习技能对应的视频操作。

为什么要写这样一本书

Vue.js 是目前最受欢迎的前端框架，它能够最大限度地降低 Web 前端开发的难度，因此深受广大 Web 前端开发人员的喜爱。Vue.js 框架的功能很强大，能用最少的代码实现最多的功能。对最新 Vue.js 的学习也成为网页设计者的必修功课。目前学习和关注 Vue.js 的人越来越多，而很多初学者却苦于找不到一本通俗易懂、容易入门和案例实用的参考书。通过本书的案例实训，大学生可以很快地掌握流行的动态网站开发方法，提高职业化能力，从而帮助解决公司与学生的双重需求问题。

本书特色

零基础、入门级的讲解

无论您是否从事计算机相关行业，也无论您是否接触过网站开发，都能从本书中找到最佳起点。

实用、专业的范例和项目

本书在编排上紧密结合深入学习网页设计的过程，从 Vue.js 的基本概念开始，逐步带领读者学习网站前端开发的各种应用技巧，侧重实战技能，使用简单易懂的实际案例进行分析和操作指导，让读者学起来简明轻松，操作起来有章可循。

随时随地学习

本书提供了微课视频，读者通过手机扫码即可观看，随时随地解决学习中的困惑。

全程同步教学录像

涵盖本书所有知识点，详细讲解每个实例及项目的开发过程及技术关键点。比看书能更轻松地掌握书中所有的Vue.js前端开发知识，而且扩展的讲解部分可使您收获更多。

超多容量王牌资源

赠送大量王牌资源，包括实例源代码、教学幻灯片、本书精品教学视频、88个实用类网页模板、12部网页开发必备参考手册、Vue.js学习手册、HTML5标签速查手册、精选的JavaScript实例、CSS3属性速查表、JavaScript函数速查手册、CSS+DIV布局赏析案例、精彩网站配色方案赏析、网页样式与布局案例赏析、Web前端工程师常见面试题等。

读者对象

本书是一本完整介绍网站前端技术的教程，内容丰富、条理清晰、实用性强，适合以下读者学习使用：

- 零基础的Vue.js网站前端开发自学者
- 希望快速、全面掌握Vue.js网站前端开发的人员
- 高等院校或培训机构的老师和学生
- 参加毕业设计的学生

如何获取本书配套资料和帮助

为帮助读者高效、快捷地学习本书知识点，我们不但为读者准备了与本书知识点有关的配套素材文件，而且还设计并制作了精品视频教学课程，同时还为教师准备了PPT课件资源。购买本书的读者，可以通过以下途径获取相关的配套学习资源。

在学习本书的过程中，使用手机浏览器、QQ或者微信的扫一扫功能，扫描本书各标题下的二维码，在打开的视频播放页面中可以在线观看视频课程，也可以将其下载并保存到手机中离线观看。

创作团队

本书由刘荣英主编，参加编写的人员还有李爱玲和刘春茂。在编写过程中，我们虽竭尽所能欲将最好的讲解呈现给读者，但难免有疏漏和不妥之处，敬请读者不吝指正。若您在学习中遇到困难或疑问，或有任何建议，可写信发送至邮箱357975357@qq.com。

本书案例源代码

王牌资源

教学幻灯片

目 录
Contents

第 1 章　快速搭建开发与调试环境 001
- 1.1　前端开发的前世今生 001
- 1.2　MV* 模式 002
  - 1.2.1　MVC 模式 002
  - 1.2.2　MVVM 模式 002
- 1.3　Vue.js 概述 003
- 1.4　安装 Vue.js 004
  - 1.4.1　使用 <script> 引入的方式 004
- 1.4.2　命令行工具 (CLI) 005
- 1.4.3　NPM 006
- 1.5　安装 WebStorm 006
- 1.6　安装 vue-devtools 009
- 1.7　小试身手——我的第一个 Vue.js 程序 ... 010
- 1.8　新手疑难问题解答 012

第 2 章　熟悉 Vue.js 语法 013
- 2.1　创建 Vue 实例 013
- 2.2　data 选项 014
  - 2.2.1　new Vue() 实例中的 data 014
  - 2.2.2　组件中的 data 016
  - 2.2.3　多个对象中的 data 018
- 2.3　方法选项 020
  - 2.3.1　使用方法 021
  - 2.3.2　传递参数 022
- 2.3.3　方法之间的调用 022
- 2.4　生命周期钩子函数 023
  - 2.4.1　认识生命周期钩子函数 023
  - 2.4.2　created 和 mouted 024
- 2.5　插值 025
- 2.6　指令 027
- 2.7　缩写 029
- 2.8　新手疑难问题解答 030

第 3 章　指令 031
- 3.1　内置指令 031
  - 3.1.1　v-bind 031
  - 3.1.2　v-on 031
  - 3.1.3　v-model 032
  - 3.1.4　v-text 033
  - 3.1.5　v-html 034
  - 3.1.6　v-show 034
  - 3.1.7　v-if/v-else-if/v-else 036
  - 3.1.8　v-for 038
  - 3.1.9　v-pre 046
  - 3.1.10　v-once 046
  - 3.1.11　v-cloak 047
- 3.2　自定义指令 048
  - 3.2.1　注册自定义指令 048
  - 3.2.2　钩子函数 048
- 3.3　新手疑难问题解答 050

第 4 章　计算属性 051
- 4.1　使用计算属性 051
- 4.2　计算属性的 getter 和 setter 方法 052
- 4.3　计算属性和方法的区别 054
- 4.4　计算属性代替 v-for 和 v-if 055
- 4.5　新手疑难问题解答 056

第 5 章　精通监听器和过滤器 057

5.1	使用监听器 057	5.5	过滤器的参数 062
5.2	监听方法 058	5.6	过滤器的串联 062
5.3	监听对象 058	5.7	综合实训——使用过滤器格式化时间 063
5.4	全局过滤器与局部过滤器 061	5.8	新手疑难问题解答 064

第 6 章　事件处理 065

6.1	监听事件 065	6.3.5	prevent 072
6.2	事件处理方法 066	6.3.6	passive 072
6.3	事件修饰符 067	6.4	按键修饰符 073
6.3.1	stop 068	6.5	系统修饰键 074
6.3.2	capture 069	6.6	综合实训——动态获取鼠标的坐标 075
6.3.3	self 070	6.7	新手疑难问题解答 076
6.3.4	once 071		

第 7 章　Class 与 Style 绑定 077

7.1	绑定 HTML 样式 (Class) 077	7.2.1	对象语法 081
7.1.1	数组语法 077	7.2.2	数组语法 082
7.1.2	对象语法 078	7.3	综合实训——实现简易计算器 083
7.1.3	在组件上使用 class 属性 080	7.4	新手疑难问题解答 087
7.2	绑定内联样式 (style) 081		

第 8 章　表单输入绑定 089

8.1	双向绑定 089	8.3.2	单选按钮 094
8.2	基本用法 089	8.3.3	选择框的选项 095
8.2.1	单行文本 089	8.4	修饰符 095
8.2.2	多行文本 090	8.4.1	trim 095
8.2.3	复选框 090	8.4.2	lazy 096
8.2.4	单选按钮 091	8.4.3	number 096
8.2.5	选择框 092	8.5	综合实训——设计动态表格 097
8.3	值绑定 093	8.6	新手疑难问题解答 101
8.3.1	复选框 094		

第 9 章　精通组件 104

9.1	什么是组件 104	9.3.3	prop 验证 110
9.2	组件的注册 104	9.3.4	非 prop 的属性 112
9.2.1	全局注册 105	9.4	子组件向父组件传递数据 113
9.2.2	局部注册 107	9.4.1	监听子组件事件 113
9.3	使用 prop 向子组件传递数据 107	9.4.2	将原生事件绑定到组件 114
9.3.1	prop 基本用法 108	9.4.3	.sync 修饰符 116
9.3.2	单向数据流 110	9.5	插槽 117

9.5.1	插槽的基本用法……………117	9.5.5	作用域插槽……………………121
9.5.2	编译作用域………………118	9.5.6	解构插槽 prop………………123
9.5.3	默认内容…………………118	9.6	综合实训——设计 3D 相册效果………124
9.5.4	命名插槽…………………119	9.7	新手疑难问题解答…………………127

第 10 章 玩转过渡和动画……………………128

10.1	单元素 / 组件的过渡………128	10.3	多个元素的过渡……………………137
10.1.1	CSS 过渡…………………128	10.4	列表过渡……………………………138
10.1.2	过渡的类名………………129	10.4.1	列表的进入 / 离开过渡………138
10.1.3	CSS 动画…………………131	10.4.2	列表的排序过渡………………139
10.1.4	自定义过渡的类名………132	10.4.3	列表的交错过渡………………140
10.1.5	动画的 JavaScript 钩子函数……133	10.5	综合实训——数字阶梯排序动画………141
10.2	初始渲染的过渡…………135	10.6	新手疑难问题解答…………………147

第 11 章 脚手架 Vue CLI……………………148

11.1	脚手架的组件……………148	11.4.2	使用图形化界面………………154
11.2	脚手架环境搭建…………149	11.5	配置 sass、less 和 stylus………157
11.3	安装脚手架………………151	11.6	配置文件 gackage.json………158
11.4	创建项目…………………152	11.7	新手疑难问题解答…………………159
11.4.1	使用命令…………………152		

第 12 章 使用 Vue Router 开发单页面应用……………160

12.1	使用 Vue Router……………160	12.5	编程式导航…………………………173
12.1.1	HTML 页面中使用路由……160	12.6	组件与 Vue Router 间解耦………176
12.1.2	项目中使用路由…………163	12.6.1	布尔模式………………………176
12.2	命名路由…………………164	12.6.2	对象模式………………………177
12.3	命名视图…………………166	12.6.3	函数模式………………………178
12.4	路由传参…………………168	12.7	新手疑难问题解答…………………178

第 13 章 状态管理——Vuex……………………180

13.1	什么是 Vuex………………180	13.4.2	State 对象………………………188
13.2	安装 Vuex…………………181	13.4.3	Getter 对象……………………189
13.3	Vuex 的基本用法…………181	13.4.4	Mutation 对象…………………191
13.4	在项目中使用 Vuex………184	13.4.5	Action 对象……………………193
13.4.1	搭建一个项目……………184	13.5	新手疑难问题解答…………………195

第 14 章 数据请求库——axios……………………196

14.1	什么是 axios………………196	14.3.2	请求 json 数据…………………199
14.2	安装 axios…………………196	14.3.3	跨域请求数据…………………200
14.3	基本用法…………………197	14.3.4	并发请求………………………201
14.3.1	get 请求和 post 请求………197	14.4	axios API………………………………202

14.5	请求配置	203	14.8	拦截器	206
14.6	创建实例	206	14.9	综合实训——显示近7日的天气情况 207
14.7	配置默认选项	206	14.10	新手疑难问题解答	209

第15章　开发短视频社交App …………………………………………………………… 210

15.1	脚手架搭建项目	210	15.5	发布组件	237
15.2	Home 组件	211	15.5.1	拍摄组件	237
15.2.1	配置 Home 组件路由	211	15.5.2	上传组件	239
15.2.2	底部导航栏组件	213	15.5.3	配置拍摄和上传组件的路由	245
15.2.3	配置 Home 组件子路由	214	15.6	消息组件	245
15.3	首页组件	216	15.7	登录组件	249
15.3.1	顶部导航栏组件	216	15.7.1	配置登录组件的路由	249
15.3.2	视频列表组件	219	15.7.2	手机验证组件	249
15.3.3	视频播放组件	221	15.7.3	密码登录组件	257
15.3.4	点赞和分享组件	225	15.8	个人信息组件	262
15.3.5	发布者和歌曲滚动组件	227	15.8.1	配置登录组件的路由	263
15.3.6	评论列表内容	229	15.8.2	信息组件	263
15.4	附近组件	234	15.8.3	修改信息组件	267

第16章　开发在线外卖App …………………………………………………………………… 271

16.1	项目概述	271	16.3.1	头部组件（header.vue）	275
16.1.1	开发环境	271	16.3.2	商品数量控制组件（cartControl.vue）	277
16.1.2	技术概括	272	16.3.3	购物车组件（showcart.vue）	279
16.1.3	项目结构	272	16.3.4	评论内容组件（ratingselect.vue）	283
16.2	入口文件	273	16.3.5	商品详情组件（food.vue）	285
16.2.1	项目入口文件（index.html）	273	16.3.6	星级组件（star.vue）	288
16.2.2	程序入口文件（main.js）	273	16.3.7	商品组件（goods.vue）	289
16.2.3	组件入口文件（App.vue）	274	16.3.8	评论组件（ratings.vue）	292
16.3	项目组件	275	16.3.9	商家信息组件（seller.vue）	295

第1章 快速搭建开发与调试环境

在网站前端开发的过程中，网页变得更加动态化和强大，例如出现了轮播图、图片无缝滚动等效果，这都多亏有 JavaScript 脚本。现在的 Web 开发者已经把很多传统的服务端代码放到了浏览器中，这样就产生了成千上万行的 JavaScript 代码，它们连接了各式各样的 HTML 和 CSS 文件。但由于缺乏正规的组织形式，所以网站变得非常臃肿。Vue.js 框架正是为了解决这个问题而出现的。本章将重点学习安装 Vue.js 和开发环境的搭建方法。

1.1 前端开发的前世今生

Vue.js 是基于 JavaScript 的一套 MVVC 前端框架，在介绍 Vue.js 之前，先来了解一下 Web 前端技术的发展过程。

Web 刚起步阶段，只有 HTML，浏览器请求某个 URL 时，Web 服务器就把对应的 HTML 文件返回给浏览器，浏览器解析后再展示给用户。随着时间的推移，为了能给不同的用户展示不同的页面信息，就产生了基于服务器的可动态生成 HTML 文件的语言，例如 ASP、PHP、JSP 等。

但是，当浏览器接收到一个 HTML 文件后，如果要更新页面的内容，就只能重新向服务器请求获取一份新的 HTML 文件，即刷新页面。在 2G 时代，这种体验是很容易让人崩溃的，而且还浪费流量。

1995 年，进入 JavaScript 阶段，在浏览器中引入了 JavaScript。JavaScript 是一种脚本语言，浏览器中带有 JavaScript 引擎，用于解析并执行 JavaScript 代码，然后就可以在客户端操作 HTML 页面中的 DOM，这样就解决了不刷新页面而动态地改变用户 HTML 页面内容的问题。再后来，大家发现编写原生的 JavaScript 代码太烦琐了，还需要记住各种晦涩难懂的 API，最重要的是还要考虑各种浏览器的兼容性，于是就出现了 jQuery，并很快地占领了 JavaScript 领域，几乎成为前端开发的标配。

直到 HTML5 出现，前端能够实现的交互功能越来越多，代码也越来越复杂，从而出现了各种 MV* 框架，使得网站开发进入 SPA（Single Page Application）时代。SPA 是单页应用程序，是指只有一个 Web 页面的应用。单页应用程序是加载单个 HTML 页面并在用户与程序交互时，动态更新该页面的 Web 应用程序。浏览器一开始会加载必需的 HTML、CSS 和 JavaScript，所有的操作都在这个页面上完成，由 JavaScript 来控制交互和页面的局部刷新。

2015 年 6 月，ECMAScript 6 发布，正式名称是 ECMAScript 2015。该版本增加了很多新的语法，从而拓展了 JavaScript 的开发潜力。Vue.js 项目开发中经常会用 ECMAScript 6 语法。

1.2 MV* 模式

MVC 是 Web 开发中应用非常广泛的一种架构模式，之后又演变成 MVVM 模式。

1.2.1 MVC 模式

随着 JavaScript 的发展，渐渐显现出各种不和谐：组织代码混乱、业务与操作 DOM 杂糅，所以引入了 MVC 模式。

MVC 模式中，M 指模型（Model），是后端传递的数据；V 指视图（View），是用户所看到的页面；C 指控制器（Controller），是页面业务逻辑。MVC 模式示意图如图 1-1 所示。

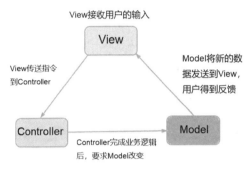

图 1-1 MVC 模式示意图

使用 MVC 模式的目的是将 Model 和 View 的代码分离，实现 Web 系统的职能分工。MVC 模式是单向通信，也就是说 View 和 Model 需要通过 Controller 来承上启下。

1.2.2 MVVM 模式

随着网站前端开发技术的发展，又出现了 MVVM 模式。不少前端框架采用了 MVVM 模式，例如，当前比较流行的 Angular 和 Vue.js。

MVVM 是 Model-View-ViewModel 的简写。其中，MV 与 MVC 模式中的 View 一样，VM 指 ViewModel，是视图模型。

MVVM 模式示意图如图 1-2 所示。

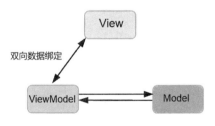

图 1-2 MVVM 模式示意图

ViewModel 是 MVVM 模式的核心，是连接 View 和 Model 的桥梁。它有两个方向：

（1）将模型（Model）转化成视图（View），将后端传递的数据转化成用户所看到的页面。

（2）将视图（View）转化成模型（Model），即将所看到的页面转化成后端的数据。

如果这两个方向同时实现，就是 Vue.js 中数据的双向绑定。

1.3　Vue.js 概述

Vue.js 是一套构建网站前端的 MVVM 框架，它集合了众多优秀的主流框架设计思想、轻量、数据驱动（默认单向数据绑定，但也支持双向数据绑定）、学习成本低，且可与 webpack/gulp 构建工具结合实现 Web 组件化开发、构建部署等。

Vue.js 本身就拥有一套较为成熟的生态系统：vue+vue-router+vuex+webpack+sass/less，不仅满足小的前端项目开发，也完全胜任开发大型的前端应用，包括单页面应用和多页面应用等。Vue.js 可实现前端页面和后端业务分离、快速开发、单元测试、构建优化、部署等。

说到前端框架，当下比较流行的有 Vue.js、React.js 和 Angular.js。Vue.js 以其容易上手的 API、不俗的性能、渐进式的特性和活跃的社区，从中脱颖而出。截止到目前，Vue.js 在 GitHub 上的 star 数已经超过了其他两个框架，成为最热门的框架。

Vue.js 的核心库只关注视图层，不仅易于上手，还便于与第三方库或既有项目整合。当与现代化的工具链以及各种支持类库结合使用时，Vue.js 也完全能够为复杂的单页应用提供驱动。

Vue.js 的目标就是通过尽可能简单的 API 实现响应的数据绑定和组合的视图组件，核心是一个响应的数据绑定系统。Vue.js 被定义成一个用来开发 Web 界面的前端框架，是个非常轻量级的工具。使用 Vue.js 可以让 Web 开发变得简单，同时也颠覆了传统前端开发模式。

Vue.js 是渐进式的 JavaScript 框架，如果已经有一个现成的服务端应用，可以将 Vue.js 作为该应用的一部分嵌入其中，带来更加丰富的交互体验，或者如果希望将更多的业务逻辑放到前端来实现，那么 Vue.js 的核心库及其生态系统也可以满足用户的各种需求。

和其他前端框架一样，Vue.js 允许将一个网页分割成可复用的组件，每个组件都包含属于自己的 HTML、CSS 和 JavaScript，如图 1-3 所示，以用来渲染网页中相应的地方。

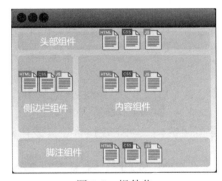

图 1-3　组件化

这种把网页分割成可复用组件的方式，就是框架"组件化"的思想。

Vue.js 组件化的理念和 React 异曲同工——"一切皆组件"。Vue.js 可以将任意封装好的代码注册成组件，例如 Vue.component('example',Example)，可以在模板中以标签的形式调用。

example 是一个对象，组件的参数配置经常用到的是 template，它是组件将会渲染的 html 内容。

例如，example 组件，调用方式如下：

```
<body>
<hi>我是主页</hi>
```

```
<!-- 在模板中调用example组件 -->
<example></example>
<p>欢迎访问我们的网站</p>
</body>
```

如果组件设计合理，在很大程度上可以减少重复开发过程，而且配合 Vue.js 的单文件组件（vue-loader），可以将一个组件的 CSS、HTML 和 JavaScript 都写在一个文件里，做到模块化开发。除此之外，Vue.js 也可以与 vue-router 和 vue-resource 插件配合，以支持路由和异步请求，这样就满足了开发 SPA 的基本条件。

在 Vue.js 中，单文件组件是指一个后缀名为 .vue 的文件，它可以由各种各样的组件组成，大到一个页面组件，小到一个按钮组件。在后面章节，将详细介绍单文件组件的实现。

SPA 即单页面应用程序，是指只有一个 Web 页面的应用。单页面应用程序是加载单个 HTML 页面并在用户与应用程序交互时动态更新该页面的 Web 应用程序。浏览器一开始会加载必需的 HTML、CSS 和 JavaScript，所有的操作都在这个页面上完成，由 JavaScript 来控制交互和页面的局部刷新。

1.4 安装 Vue.js

Vue.js 的安装有三种方式。
（1）使用 <script> 引入的方式。
（2）使用命令行工具（Vue CLI）的方式。
（3）使用 NPM 的方式。

1.4.1 使用 <script> 引入的方式

直接使用 <script> 标签引入有两种方式，一种是从官网下载独立的版本，另一种是使用 CDN 的方式。

1. 使用独立的版本

直接从官网 https://cn.vuejs.org/ 下载 Vue 的 JavaScript 脚本文件。官网提供了两个版本，开发版和生产版。

Vue.js 的开发版包含警告和调试模式，比较适合于开发阶段。开发版本的下载地址为 https://vuejs.org/js/vue.js。

Vue.js 的生产版删除了警告，并进行了代码压缩，文件较小，用于产品发布后的正式环境。生产版本的下载地址为 https://vuejs.org/js/vue.min.js。

下载 Vue.js 文件后，使用 <script> 标签引入到页面中，这时 Vue 会被注册为一个全局变量。引用的代码如下：

```
<script src="vue.js"></script>
```

2. 使用 CDN 方式

CDN 的全称是 Content Delivery Network，即内容分发网络。CDN 是构建在现有网络基础上的智能虚拟网络，依靠部署在各地的边缘服务器，通过中心平台的负载均衡、内容分发、调度等功能模块，使用户就近获取所需内容，降低网络拥塞，提高用户访问响应速度和命中率。CDN 的关键技术主要有内容存储和分发技术。

使用 CDN 方式来安装 Vue 框架，就是选择一个 Vue.js 链接的稳定的 CDN 服务商。选择好 CDN 后，在页面中引入 Vue 的方式和独立版本一样，代码如下：

```
<script src="https://cdn.jsdelivr.net/npm/vue"></script>
```

对于生产环境，推荐链接到一个明确的版本号和构建文件，以避免新版本造成的不可预期的破坏，例如：

```
<script src="https://cdn.jsdelivr.net/npm/vue@2.6.12/dist/vue.js"></script>
```

1.4.2 命令行工具 (CLI)

Vue 提供了一个官方的脚手架（Vue CLI），使用它可以快速搭建一个应用。搭建的应用只需要几分钟的时间就可以运行起来，并带有热重载、保存时 lint 校验，以及生产环境可用的构建版本。

例如想构建一个大型的工程应用，可能需要将工程分割成各自的组件和文件，如图 1-4 所示，此时便可以使用 Vue CLI 快速初始化工程。

图 1-4　各自的组件和文件

因为初始化的工程，可以使用 Vue 的单文件组件，它包含各自的 HTML、JavaScript 以及带作用域的 CSS 或者 SCSS，格式如下：

```
<template>
    HTML
</template>
<script>
    JavaScript
</script>
<style scoped>
    CSS或者SCSS
</style>
```

Vue CLI 工具是假定用户对 Node.js 和相关构建工具有一定程度的了解。如果是新手，建议先在熟悉 Vue 本身之后再使用 Vue CLI 工具。本书后面章节，将具体介绍脚手架的安装以及如何快速创建一个项目。

1.4.3 NPM

NPM 是一个 Node.js 包管理和分发工具，也是整个 Node.js 社区最流行、支持第三方模块最多的包管理器。在安装 Node.js 环境时，安装包中包含 NPM，如果安装了 Node.js，则不需要再安装 NPM。

用 Vue 构建大型应用时推荐使用 NPM 安装。NPM 能很好地和诸如 Webpack 或 Browserify 模块打包器配合使用。

使用 NPM 安装：

```
# 最新稳定版
$ npm install vue
```

由于在国内访问国外的服务器非常慢，而 NPM 的官方镜像就是国外的服务器，为了节省安装时间，推荐使用淘宝 NPM 镜像 CNPM，在命令提示符窗口中输入下面的命令：

```
npm install -g cnpm --registry=https://registry.npm.taobao.org
```

1.5 安装 WebStorm

WebStorm 是一款前端页面开发工具。该工具的主要优势是有智能提示、智能补齐代码，代码格式化显示，联想查询和代码调试等。对于初学者而言，WebStorm 不仅功能强大，而且非常容易上手操作，被广大前端开发者誉为 Web 前端开发神器。

下面以 WebStorm 英文版为例进行讲解。首先打开浏览器，输入网址 https://www.jetbrains.com/webstorm/download/#section=windows，进入 WebStorm 官网下载页面，如图 1-5 所示。单击 Download 按钮，即可开始下载 WebStorm 安装程序。

图 1-5　WebStorm 官网下载页面

1. 安装 WebStorm 2019

下载完成后，即可进行安装，具体操作步骤如下。

01 双击下载的安装文件，进入安装 WebStorm 的欢迎界面，如图 1-6 所示。

02 单击 Next 按钮，进入选择安装路径界面，单击 Browse 按钮，即可选择新的安装路径，这里采用默认的安装路径，如图 1-7 所示。

03 单击 Next 按钮，进入选择安装选项界面，选择所有的复选框，如图 1-8 所示。

04 单击 Next 按钮，进入选择开始菜单文件夹界面，默认为 JetBrains，如图 1-9 所示。

图 1-6　欢迎界面

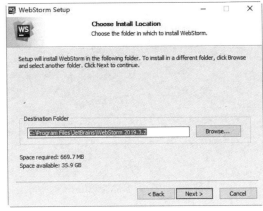

图 1-7　选择安装路径界面

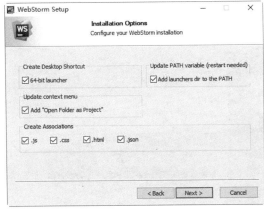

图 1-8　选择安装选项界面

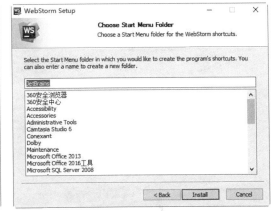

图 1-9　选择开始菜单文件夹界面

05 单击 Install 按钮，开始安装软件并显示安装的进度，如图 1-10 所示。

06 安装完成后，单击 Finish 按钮，如图 1-11 所示。

图 1-10　开始安装 WebStorm

图 1-11　安装完成界面

2. 创建和运行 HTML 文件

01 双击 Windows 桌面上的 WebStorm 2019.3.2 x64 快捷图标，打开 WebStorm 欢迎界面，如图 1-12 所示。

02 单击 Open 按钮，在弹出的对话框中选择创建好的文件夹 codeHome，如图 1-13 所示。

图 1-12　WebStorm 欢迎界面

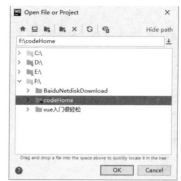
图 1-13　选择工程存放的路径

03 单击 OK 按钮，进入 WebStorm 主界面，选择 File → New → HTML File 命令，如图 1-14 所示。
04 打开 New HTML File 对话框，输入文件名称为"index.html"，选择文件类型为 HTML 5 file，如图 1-15 所示。

图 1-14　创建一个 HTML 文件

图 1-15　输入文件的名称

05 按 Enter 键即可查看新建的 HTML5 文件，接着就可以编辑 HTML5 文件了。例如，这里在 <body> 标记中输入文字"大家一起学习 Vue.js"，如图 1-16 所示。
06 在谷歌浏览器中打开文件的路径，或者打开软件界面右上角的浏览器工具栏，如图 1-17 所示。选择指定的浏览器，单击即可打开。

图 1-16　输入文本内容

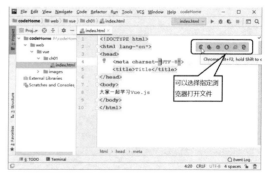
图 1-17　浏览器工具栏

在谷歌浏览器中显示的效果如图 1-18 所示。

图 1-18　index.html 文件显示效果

1.6 安装 vue-devtools

vue-devtools 是一款调试 Vue.js 应用的开发者浏览器扩展，可以在浏览器开发者工具下调试代码。不同的浏览器有不同的安装方法，下面以谷歌浏览器为例，具体安装步骤如下。

01 打开谷歌浏览器，单击"自定义和控制"按钮，在打开的下拉菜单中选择"更多工具"菜单项，然后在弹出的子菜单中选择"扩展程序"菜单项，如图 1-19 所示。

02 在"扩展程序"界面中单击"Chrome 网上应用店"链接，如图 1-20 所示。

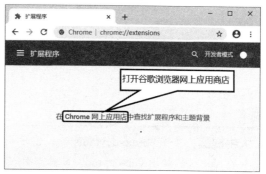

图 1-19　选择"扩展程序"菜单项　　　　　图 1-20　"扩展程序"界面

03 在"chrome 网上应用店"中搜索 vue-devtools，如图 1-21 所示。

04 添加搜索到的第一个扩展程序，如图 1-22 所示。

图 1-21　chrome 网上应用店　　　　　　图 1-22　添加扩展程序

05 在弹出的对话框中单击"添加扩展程序"按钮，如图 1-23 所示。

06 添加完成后，返回到扩展程序界面，可以发现已经显示了 vue-devtools 调试程序，如图 1-24 所示。

图 1-23 弹出的对话框

图 1-24 扩展程序界面

安装完成后，在运行网页文件时，按键盘上的 F12 键会打开谷歌浏览器的控制台，选择 Vue 选项，单击左侧的 <Root>，页面效果如图 1-25 所示。

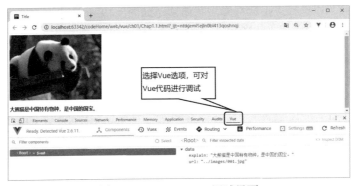
图 1-25 vue-devtools 调试界面

> **大牛提醒**：在使用 vue-devtools 时，需要引入开发环境版本的 Vue.js 文件，生产环境版本的 Vue.js 不显示 vue-devtools 工具。引入开发环境版本 Vue.js 的代码如下：

```
<!--开发环境版本，包含了有帮助的命令行警告-->
<script src="https://cdn.jsdelivr.net/npm/vue/dist/vue.js"></script>
```

1.7 小试身手——我的第一个 Vue.js 程序

接下来感受一下 Vue.js，构建一个"动物介绍"的简单页面。和许多 JavaScript 应用一样，首先从网页中需要展示的数据开始。使用 Vue 的步骤非常简单，安装 Vue 库，创建一个 Vue 的实例，然后通过应用的 ID 嵌入到根元素中。el 是元素（Element）的缩写，这里需要将数据放入一个对象 data 中，并且将数据修改为一个表达式，用双大括号括起来。这样 Vue 就运行起来了。

【例 1.1】编写"动物介绍"页面（源代码 \ch01\1.1.html）

这里使用 v-bind 指令绑定 IMG 的 src 属性，使用 {{}} 语法（插值语法）显示标题 <h2> 的内容。

```
<!DOCTYPE html>
<html>
<head>
    <meta charset="UTF-8">
    <title>Title</title>
</head>
<body>
<div id="app">
```

```
        <div><img v-bind:src="url"
            width="450"></div>
        <h2>{{ explain }}</h2>
</div>
<!--引入vue文件-->
<script src="vue.js"></script>
<script>
    // 创建Vue实例
    const app=new Vue({
        // 挂载页面中的元素
        el:'#app',
        data:{
            url:'../images/001.jpg',
            explain:'大熊猫是中国特有
物种，是中国的国宝。',
        },
    })
</script>
</body>
```

</html>

程序运行效果如图 1-26 所示。

图 1-26 "动物介绍"页面效果

以上就成功创建了第一个 Vue 应用，看起来这跟渲染一个字符串模板非常类似，但是 Vue 在背后做了大量工作。可以通过浏览器的 JavaScript 控制台来验证，也可以使用 vue-devtools 调试工具来验证。

例如，在谷歌浏览器的控制台上修改 app.explain=" 狗是人类最忠诚的朋友。" 和 app.url="../images/002.jpg"，按回车键后，可以发现页面的内容也发生了改变，效果如图 1-27 所示。

使用 vue-devtools 工具调试，同样修改 app.explain=" 狗是人类最忠诚的朋友。" 和 app.url="../images/002.jpg"，单击保存，可以发现页面的内容同样也发生了改变，效果如图 1-28 所示。

图 1-27 控制台上修改后效果

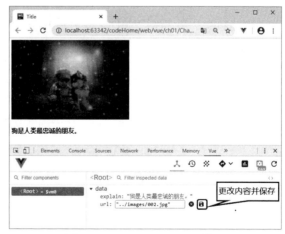

图 1-28 vue-devtools 调试效果

特别说明：在之后的章节中，案例不再提供完整的代码，而是根据上下文，将 HTML 部分与 JavaScript 部分单独展示，省略了 <head>、<body> 等标签以及 Vue.js 的加载等，读者可根据上例结构来组织代码。

app.explain 和 app.url 中的 app 是创建的 Vue 实例名称。

出现上面这样的效果，是因为 Vue 是响应式的。也就是说当数据变更时，Vue 会自动更新所有网页中用到它的地方。除了小程序中使用的字符串类型，Vue 对其他类型的数据也是响应式的。

上面的示例，只是 Vue 可以做的一些初级的小事情。在后面的学习中，还会学习到 Vue 对象的一些其他选项，例如计算属性 computed、方法 methods 和钩子函数 mounted 等。

在 Vue 的生态系统中有非常丰富的东西，可以帮助用户构建、组织、发展前端应用，如果想要深入了解 Vue，就开始本书的学习吧。

1.8 新手疑难问题解答

▎疑问 1：使用 Vue.js 开发的单页面应用有什么优势？

单页面应用的优点如下。

1. 前后端分离

前端工作在浏览器端，后端工作在服务器，使用 Vue.js 开发的单页面应用可以让前后端彻底分离，并行工作，对开发人员的技能要求变得更加单一。

2. 提升用户体验

单页面应用可以提升用户体验，用户不需要重新刷新页面，数据通过 Ajax 异步获取，页面显示更加流畅。

3. 减轻服务器压力

服务器只需要提供数据就可以了，不用管展示逻辑和页面合成，吞吐能力会大幅提高。

4. 多平台共用一套后端程序代码

不管是 Web 页面、手机或者平板电脑等平台的客户端，都可以使用同一套后端程序代码，从而减少了开发和维护的成本。

▎疑问 2：前端开发的技术体系是什么？

当前的前端技术已经形成了一个大的技术体系。

（1）以 GitHub 为代表的代码管理仓库。

（2）以 NPM 和 Yarn 为代表的包管理工具。

（3）ECMAScript 6、TypeScript 及 Babel 构成的脚本体系。

（4）HTML5、CSS3 和相应的处理技术。

（5）以 React、Vue、Angular 为代表的前端框架。

第2章 熟悉Vue.js语法

Vue.js 使用了基于 HTML 的模板语法，允许开发者声明式地将 DOM 绑定至底层 Vue 实例的数据。所有的 Vue.js 模板都是合法的 HTML，所以能被遵循规范的浏览器和 HTML 解析器解析。在底层的实现上，Vue 将模板编译成虚拟的 DOM 渲染函数。结合响应系统，Vue 能够智能地计算出最少需要重新渲染多少组件，并把 DOM 的操作次数减到最少。本章就来讲述 Vue.js 语法中数据绑定的语法和指令的使用。

2.1 创建 Vue 实例

在一个使用 Vue.js 框架的页面应用程序中，最终都会创建一个 Vue 实例对象并挂载到指定的 DOM 上。

Vue 实例的创建语法规则如下：

```
new Vue()
```

每个 Vue 应用至少要创建一个 Vue 实例，下面代码中就创建了一个 Vue 实例：

```html
<body>
<div id="app"></div>
<script src="vue.js"></script>
<script>
    // 创建Vue实例
    var app=new Vue({
        // 挂载页面中的元素
        el:'#app',
        data:{}
    })
</script>
</body>
```

Vue 实例充当了 MVVM 模式中的 ViewModel。在创建 Vue 实例时，需要传入一个选项对象，该对象可以包含数据、方法、组件生命周期钩子等。

这里创建 Vue 实例后赋值给了变量 app，在实际开发中并不要求一定要将 Vue 实例赋值给某个变量：

```
new Vue({
    // 挂载页面中的元素
    el:'#app',
    data:{}
})
```

在选项对象中，通过 el 属性绑定要渲染的 View，el:'#app' 表示该 Vue 实例将挂载到

<div id="app"> 这个元素；data 选项指定一个 Model，所有的数据都在该数据对象中定义。

除了使用 el 属性指定 Vue 实例要挂载的元素外，还可以使用 $mount() 方法手动挂载 Vue 实例，语法如下：

```
var app=new Vue({...}).$mount("#app");
//或者
var app=new Vue({...});
app.$mount("#app");
```

例如以下代码：

```
var app=new Vue({
// 挂载页面中的元素
data:{
    url:'../images/001.jpg',
    explain:'大熊猫是中国特有物种，是中国的国宝。',
    },
}).$mount("#app")
```

这里 $mount("#app") 和 el:"#app" 并没有本质区别。

当创建一个 Vue 实例时，可以传入一些选项对象，这些选项用来创建想要的行为（methods、computed 和 watch 等）。

一个 Vue 应用由一个通过 new Vue 创建的根 Vue 实例，以及可选的、嵌套的、可复用的组件树组成。例如，一个 Todo 应用的组件树如图 2-1 所示。

```
根实例
└ TodoList
   ├ TodoItem
   │  ├ DeleteTodoButton
   │  └ EditTodoButton
   └ TodoListFooter
      ├ ClearTodosButton
      └ TodoListStatistics
```

图 2-1　组件树

在本书组件章节中会具体介绍，现在只需要明白所有的 Vue 组件都是 Vue 实例，并且接受相同的选项对象（一些根实例特有的选项除外）。

2.2　data 选项

对于 data 选项，要注意区分它所在位置。如果是在 new Vue() 实例中，data 是一个对象；如果是在除了 new Vue() 实例之外的地方，data 是一个函数。例如，在单文件组件和 Vue.component() 创建的组件中，data 选项都是一个函数。

2.2.1　new Vue() 实例中的 data

当一个 Vue 实例被创建时，它将 data 对象中的所有属性加入到 Vue 的响应式系统中。当这些属性的值发生改变时，视图将会产生"响应"，匹配更新为新的值。所以需要响应的数据属性，首先需要在 data 对象中进行定义。

【例 2.1】数据响应（源代码 \ch02\2.1.html）

```
<div id="app"></div>
<script>
    // 在Vue实例外定义数据对象
    var date={name:"小明"};
    // 创建Vue实例app
    var app=new Vue({
        el:"#app",
        data:date    //在实例中声明创建
                     //的date对象
    })
    //检测实例中的name属性和外面对象中
    //的name属性是否一致
app.name== date.name   //=>true
    //在实例中设置name属性，会影响到原
    //始对象数据name
app.name ="小红"; // => 小红
date.name // => 小红
console.log(date.name)
//打印此刻date对象中的name属性
// 反之亦然
date.name="小华";
app.name // => 小华
console.log(app.name)
//打印此刻实例中的name属性
</script>
```

在谷歌浏览器中运行程序，按 F12 键，打开浏览器的开发工具，如图 2-2 所示。

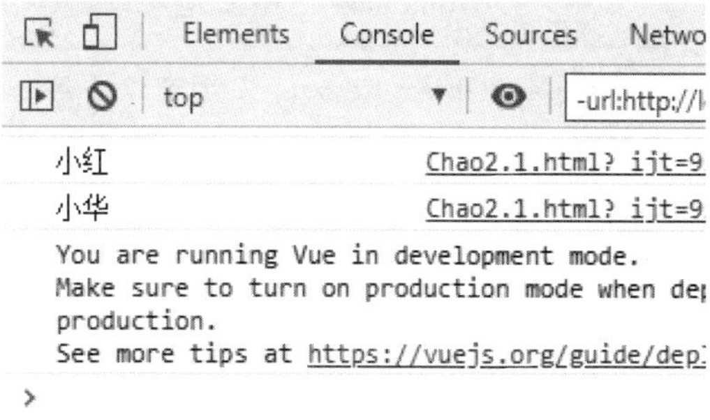

图 2-2 数据响应

可以发现不管是更改外面 date 对象中的 name 属性，还是更改实例中的属性，视图都会重新进行渲染。需要注意的是，date 对象只有在实例的 data 选项中声明，date 对象中存在的属性才是响应式的。

所以在 Vue 中，使用的属性需要先在 data 选项中进行定义，定义过的就是响应式属性。例如定义一些属性：

```
data:{
  title:'',
  count:0,
  show:false,
  todos:[],
  error:null
}
```

唯一的例外是使用 Object.freeze() 方法。Object.freeze() 可以冻结一个对象，防止对象被修改，这样就意味着响应系统无法再追踪变化。

【例 2.2】使用 Object.freeze() 方法冻结一个对象（源代码 \ch02\2.2.html）

首先定义 obj 对象的属性并在 Vue 实例中声明，此时 age 就是响应式属性。然后添加一个按钮，使用 v-on 指令设置 click 事件，单击后 age 的属性值变为 18。但是这里使用 Object.freeze() 方法冻结 obj 对象。

```
<div id="app">
    <p>{{ age }}</p>
    <!-- 这里的 age 不会更新！ -->
    <button v-on:click=" age='18'">
        改变它</button>
</div>
<script>
    var obj = {
        age:'50'
    }
    Object.freeze(obj);   //冻结obj对象
    new Vue({
        el:'#app',
        data:obj
```

```
    })
</script>
```

在谷歌浏览器中运行程序，然后单击"改变它"按钮，可发现 age 属性的值并没有发生改变，说明 obj 对象已经被冻结了。结果如图 2-3 所示。

图 2-3　使用 Object.freeze() 方法的作用效果

其中，"v-on:click="用来定义单击事件，在后面的章节中会具体介绍。

> **大牛提醒**：Object.freeze() 方法可以冻结一个对象。一个被冻结的对象再也不能被修改；冻结了一个对象则不能向这个对象添加新的属性，不能删除已有属性，不能修改该对象已有属性的可枚举性、可配置性、可写性，以及不能修改已有属性的值。此外，冻结一个对象后该对象的原型也不能被修改。

除了数据属性外，Vue 实例还有一些有用的实例属性与方法。它们都有前缀 $，以便与读者自定义的属性区分开。例如：

```
<div id="example"></div>
<script>
    var date = { a:1 }
    var app= new Vue({
        el:'#example',
        data:date
    })
    app.$data === date // => true
    app.$el === document.getElementById('example') // => true
    // $watch 是一个实例方法
    app.$watch('a', function (newValue, oldValue){
        // 这个回调函数将在 app.a 改变后调用
    })
</script>
```

通常情况下，都是把对象 obj 写到 Vue 实例中，例如：

```
var app=new Vue({
    el:"#app",
    data:{
        name:"小明"
    }
})
```

2.2.2　组件中的 data

在 Vue 中，除了 new Vue() 之外的任何地方，组件中的 data 必须是一个函数。

使用 new Vue() 创建的 Vue 实例，其中的 data 是一个对象，代码如下：

```
new Vue({
    data:{
        title:"对象"
```

```
        }
});
```

使用 Vue.component 创建的组件，其中的 data 选项必须是一个函数，代码如下：

```
Vue.component('todo-item',{
    data:function (){
        return {
            title:'函数'
        }
    }
})
```

在单文件组件中，data 选项也必须是一个函数，代码如下：

```
export default{
    data(){
        return{
            title:"函数"
        }
    }
}
```

为什么要这样设计呢？其实这是由 JavaScript 的性质决定的。

最根本原因是，JavaScript 对于对象以及数组是引用传递的，如果使用对象，那么初始化多个实例之后，这个对象必定是多个实例共享的。

【例 2.3】对象共享（源代码 \ch02\2.3.html）

```
// 对象
    obj={
        data:{
            name:'洗衣机'
        }
    };
    // 构造函数
    function Components(parameters){
        this.data =parameters.data;
    };
    // 实例化2个实例
    let name1 = new Components(obj);
    let name2 = new Components(obj);
    // 没变更name属性的时候，实例name2
    //的name属性值为默认的"洗衣机"
    console.log(name2.data.name);
    //更改实例name1中的name属性为"电视机"
    name1.data.name='电视机';
    // 实例name1中的name变化后，可以发
    // 现实例name2中的name属性也变成了"电视机"
    console.log(name2.data.name);
```

在谷歌浏览器中运行程序，按 F12 键，打开浏览器的开发工具，效果如图 2-4 所示。

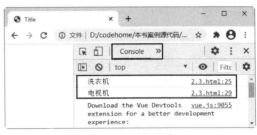

图 2-4 对象共享

在 Vue 组件中也一样，当 data 的值是一个对象时，它会在这个组件的所有实例之间共享。更改其中一个组件的内容，其他组件也会跟着变化。这显然不是我们想要的结果。

> 大牛提醒：在 JavaScript 中，相对于普通函数，构造函数中的 this 是指向实例的。

为了解决上面的顾虑，每个实例必须生成一个独立的数据对象。在 JavaScript 中，在一

个函数中返回这个对象就可以达到想要的效果了。

【例 2.4】函数中返回对象（源代码 \ch02\2.4.html）

```
obj= {
    //函数
    data:function (){
        return {
            name:'洗衣机'
        };
    }
};
function Components(parameters){
    this.data = parameters.
    data();
}
let name1 = new Components(obj);
let name2 = new Components(obj);
    //没变更name属性的时候，实例name2
    //的name属性值为默认的"洗衣机"
console.log(name2.data.name);
```

```
//更改实例name1中的name属性为"电视机"
    name1.data.name='电视机';
    //实例name1中的name变化后，可以发
//现实例name2中的name属性并没有变化
    console.log(name2.data.name);
```

在谷歌浏览器中运行程序，按 F12 键，打开浏览器的开发工具，效果如图 2-5 所示。

图 2-5　函数中返回对象

这也是为什么在组件中，data 选项必须是函数的原因。组件中的 data 写成一个函数，数据以函数返回值的形式定义，这样每次使用组件的时候，都会返回一个新的 data，相当于每个组件实例都有自己私有的数据空间，它们只负责各自维护的数据，不会造成混乱。

2.2.3　多个对象中的 data

实例化多个 Vue 对象和实例化单个 Vue 对象的方法一样，但是绑定操控的 el 元素不同，操控的 data 选项也不同。

【例 2.5】实例化多个 Vue 对象（源代码 \ch02\2.5.html）

下面创建两个 Vue 对象，分别命名为 one 和 two，分别挂载到 app-one 和 app-two 元素上，在页面中使用 {{}} 语法渲染 title 属性。

```
<h3>初始化多个Vue实例对象</h3>
<div id="app-one">
    <h4>{{title}}</h4>
</div>
<div id="app-two">
    <h4>{{title}}</h4>
</div>
<script>
    //实例化对象一
    var one=new Vue({
        el:'#app-one',
        data:{
            title:'app-one的内容'
        }
    });
    //实例化对象二
    var two=new Vue({
        el:'#app-two',
        data:{
            title:'app-two的内容'
        }
    })
</script>
```

在谷歌浏览器中运行结果如图 2-6 所示。

图 2-6　渲染多个对象的 title 属性内容

除了可以渲染实例中 data 选项的内容外，也可以渲染其他选项的内容，例如下面渲染 computed 计算属性的内容。

> **大牛提醒**：计算属性也是使用插值 {{}} 语法获取并渲染内容。

【例 2.6】渲染 computed 计算属性的内容（源代码 \ch02\2.6.html）

```
<h1>初始化多个Vue实例对象</h1>
<div id="app-one">
    <h2>{{title}}</h2>
    <p>{{content}}</p>
</div>
<div id="app-two">
    <h2>{{title}}</h2>
    <p>{{content}}</p>
</div>
<script>
    //实例化对象一
    var one=new Vue({
        el:'#app-one',
        data:{
            title:'app-one的内容'
        },
        computed:{
            content:function(){
                return '我是实例一的
                    计算属性';
            }
        }
    });
    //实例化对象二
    var two=new Vue({
        el:'#app-two',
        data:{
            title:'app-two的内容'
        },
        computed:{
            content:function(){
                return '我是实例二的
                    计算属性';
            }
        }
    })
</script>
```

在谷歌浏览器中运行程序，结果如图 2-7 所示。

图 2-7　渲染 computed 计算属性的内容

如果想在第二个实例化对象中改变第一个实例化对象中的 data 属性，如何实现？可以在第二个实例化对象中定义一个方法，通过事件来触发，在该事件中调用第一个对象，更改其中的 title 属性。

例如，在上面案例的第二个实例对象的 methods 选项中，定义一个方法 changeTitle，在该方法中调用第一个对象，并修改其中的 title 属性。

【例 2.7】改变其他实例中的属性内容（源代码 \ch02\2.7.html）

```
<div id="app-one">
    <h2>{{title}}</h2>
    <p>{{content}}</p>
</div>
<div id="app-two">
    <h2>{{title}}</h2>
    <p>{{content}}</p>
    <button v-on:click="changeTitle">改变第一个对象中title属性</button>
</div>
<script>
    //实例化对象一
    var one=new Vue({
        el:'#app-one',
        data:{
            title:'app-one的内容'
        },
        computed:{
            content:function(){
                return '我是实例一的
```

```
            计算属性';
                }
            }
        });
        //实例化对象二
        var two=new Vue({
            el:'#app-two',
            data:{
                title:'app-two的内容'
            },
            methods:{
                changeTitle:function(){
                    one.title='已经改名了!';
                }
            },
            computed:{
                content:function(){
                    return '我是实例二的
                    计算属性';
                }
            }
        })
    </script>
```

图 2-8　页面运行效果

在谷歌浏览器中，运行结果如图 2-8 所示；当单击实例对象二中的"改变第一个对象中 title 属性"按钮后，实例对象一中的 title 内容将发生改变，结果如图 2-9 所示。

图 2-9　实例 one 改变后的效果

还可以在实例化对象外面调用，去更改它的属性，例如改变实例 two 的 title 属性：

```
two.title='实例化对象二的内容已经改变了';
```

在谷歌浏览器中运行程序，结果如图 2-10 所示。

图 2-10　实例 two 改变后的效果

2.3　方法选项

在 Vue 中，方法在实例的 methods 选项中定义。例如，下面就定义了一个 reversedMessage 方法：

```
new Vue({
    el:'#app',
    data:{},
    //方法
    methods:{
        reversedMessage:function (){
            return this.message.split('').reverse().join('')
        }
    }
})
```

2.3.1 使用方法

使用方法有两种方式，一种是使用插值 {{}} 方式，另一种是使用事件调用。

1. 使用插值方式

下面通过一个字符串反转的案例来介绍如何使用插值方式。

【例 2.8】使用插值方式（源代码 \ch02\2.8.html）

在 input 中通过 v-model 指令双向绑定 message，然后在 methods 选项中定义 reversedMessage 方法，让 message 的内容反转，最后使用插值语法渲染到页面。

```
<div id="app">
    输入内容：<input type="text"
    v-model="message"><br/>
    反转内容：{{reversedMessage()}}
</div>
<script>
    new Vue({
        el:'#app',
        data:{
            message:''
        },
        //方法
        methods:{
            reversedMessage:function (){
                return this.message.split('').reverse().join('')
            }
        }
    })
</script>
```

在谷歌浏览器中运行程序，然后在 input 中输入"123456"，可以看到下面会显示"123456"反转后的内容，如图 2-11 所示。

图 2-11 使用插值方式

> **大牛提醒**：在插值中使用方法时，别忘了添加"()"。

2. 使用事件调用

下面通过一个"单击按钮自增的数值"案例来讲解事件调用。

【例 2.9】事件调用方法（源代码 \ch02\2.9.html）

首先在 data 中定义 num 属性，然后在 methods 中定义 add() 方法，该方法每次调用 num 自增。在页面中首先使用插值渲染 num 的值，使用 v-on 指令绑定 click 事件，然后在事件中调用 add() 方法。

```
<div id="app">
    {{num}}
    <p><button v-on:click="add()">
    增加</button></p>
</div>
<script>
    var app=new Vue({
        el:'#app',
        data:{
            num:1
        },
        methods:{
            add:function(){
                this.num+=1
            }
        }
    })
</script>
```

在谷歌浏览器中运行程序，单击 3 次"增加"按钮，可以发现每单击 1 次按钮，num 的值会自增 1，结果如图 2-12 所示。

图 2-12 事件调用方法

2.3.2 传递参数

传递参数和正常的 JavaScript 传递参数的方法一样，分为两个步骤。

01 在 methods 的方法中进行声明，例如给例 2.9 中的 add 方法加上一个参数 a，声明如下：

```
add:function(a){}
```

02 调用方法时直接传递参数，例如这里传递参数为 2，在 button 中直接写：

```
<button v-on:click="add(2)">增加</button>
```

下面我们就更改例 2.9，每次单击按钮，让它自增 2。

【例 2.10】传递参数（源代码 \ch02\2.10.html）

```
<div id="app">
    {{ num }}
    <p><button v-on:click="add(2)">
    增加</button></p>
</div>
<script>
    var app=new Vue({
        el:'#app',
        data:{
            num:1
        },
        methods:{
            add:function(a){
                this.num+=a
            }
        }
    })
</script>
```

在谷歌浏览器中运行程序，单击 1 次"增加"按钮，可以发现 num 值自增 2，结果如图 2-13 所示。

图 2-13 传递参数

2.3.3 方法之间的调用

在 Vue 中，methods 选项中的一个方法可以调用 methods 中的另外一个方法，使用以下语法格式：

```
this.$options.methods.+方法名
```

【例 2.11】方法之间的调用（源代码 \ch02\2.11.html）

```
<div id="app">
    {{way2()}}
</div>
<script>
    new Vue({
        el:'#app',
        data:{
            content:"我是方法的内容",
        },
        methods:{
            way1:function(){
                alert("我是way1方法
                的内容");
            },
            way2:function(){
                this.$options.methods.
                way1();
            }
        }
    })
</script>
```

在谷歌浏览器中运行程序，结果如图 2-14 所示。

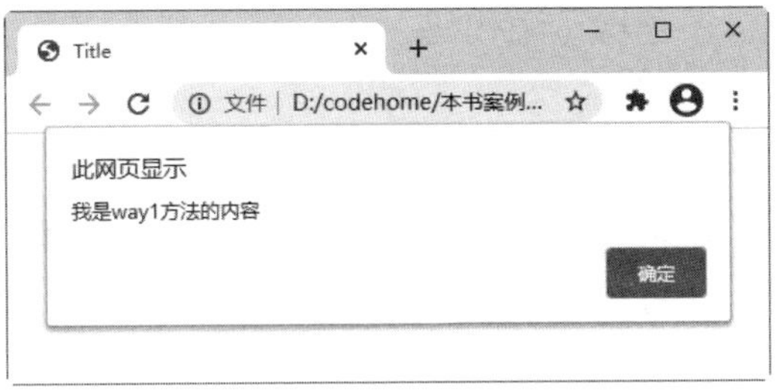

图 2-14　方法之间的调用

2.4　生命周期钩子函数

每个 Vue 实例在被创建时，都要经过一系列的初始化过程。例如，需要设置数据监听、编译模板、将实例挂载到 DOM，并在数据变化时更新 DOM 等。同时在这个过程中也会运行一些生命周期钩子函数，这给了开发者在不同阶段添加自己的代码的机会。

2.4.1　认识生命周期钩子函数

生命周期钩子函数的说明如表 2-1 所示。

表 2-1　钩子函数的说明

钩子函数	说　明
beforeCreate	在实例初始化之后，数据观测和 watch/event 事件配置之前被调用
created	在实例创建完成后被立即调用。这一步，实例已完成数据观测、属性和方法的运算、watch/event 事件回调。挂载阶段还没开始，$el 属性尚不可用
beforeMount	在挂载开始之前被调用，相关的 render 函数首次被调用
mounted	实例被挂载后调用，这时 el 被新创建的 vm.$el 替换。如果根实例挂载到了一个文档内的元素上，当 mounted 被调用时 vm.$el 也在文档内
beforeUpdate	数据更新时调用。这里适合在更新之前访问现有的 DOM，比如手动移除已添加的事件监听器
updated	由于数据更改导致的虚拟 DOM 重新渲染，在这之后会调用
activated	被 keep-alive 缓存的组件激活时调用
deactivated	被 keep-alive 缓存的组件停用时调用
beforeDestroy	实例销毁之前调用。在这一步，实例仍然完全可用
destroyed	实例销毁后调用。该钩子被调用后，对应 Vue 实例的所有指令都被解绑，所有的事件监听器被移除，所有的子实例也都被销毁

这些生命周期钩子函数与 el 和 data 类似，也是作为选项写入 Vue 实例，并且钩子的 this 属性指向的是调用它的 Vue 实例。

> **大牛提醒**：不要在钩子函数选项或回调上使用箭头函数，例如 created:()=>console.log(this.a) 或 vm.$watch('a',newValue=>this.myMethod())。因为箭头函数并没有 this，this 会作为变量一直向上级词法作用域查找，直至找到为止，经常导致 Uncaught TypeError:Cannot read property of undefined 或 Uncaught TypeError:this.myMethod is not a function 之类的错误。

【例 2.12】生命周期钩子函数（源代码 \ch02\2.12.html）

在页面加载完成后触发 beforeCreate、created、beforeMount、mounted，3 秒更改 msg 的内容为 "欢迎大家来学习 Vue"，触发 beforeUpdate 和 updated 钩子函数。

```
<div id="app">
    {{msg}}
</div>
<script>
    var vm = new Vue({
        el:"#app",
        data:{
            msg:"你好Vue",
        },
    //在实例初始化之后，数据观测(data
    //observer)和event/watcher 事件配置之前被调用
        beforeCreate:function(){
            console.log('beforeCreate');
        },
        /* 在实例创建完成后被立即调用。
在这一步，实例已完成数据观测、属性和方法的运
算、watch/event 事件回调。然而，挂载阶段还没
开始，$el 属性目前不可见 */
        created:function(){
            console.log('created');
        },
        //在挂载开始之前被调用：相关的
        //渲染函数首次被调用
        beforeMount:function(){
            console.log('beforeMount');
        },
        //el 被新创建的 vm.$el 替换,
        //挂载成功
        mounted:function(){
            console.log('mounted');
        },
        //数据更新时调用
        beforeUpdate:function(){
            console.log('beforeUpdate');
        },
        //组件DOM已经更新，组件更新完毕
        updated:function(){
            console.log('updated');
        }
    });
    setTimeout(function(){
      vm.msg = "欢迎大家来学习Vue";
    }, 3000);
</script>
```

在谷歌浏览器中运行程序，按 F12 键，打开浏览器的开发工具，页面渲染完成后，页面效果如图 2-15 所示。

3 秒后调用 setTimeout()，更改 msg 的内容，又触发另外的钩子函数，效果如图 2-16 所示。

图 2-15 初始化页面效果

图 2-16 3 秒后效果

2.4.2 created 和 mounted

在使用 Vue 的过程中，经常需要给一些数据做初始化处理，常用的方法是在 created 与 mounted 钩子函数中处理。

created 是在实例创建完成后立即调用。在这一步，实例已完成了数据观测、属性和方法的运算、watch/event 事件回调。然而，挂载阶段还没开始，$el 属性目前不可见。所以不能

操作 DOM 元素，多用于初始化一些数据或方法。

mounted 是在模板渲染成 HTML 后调用的，通常是初始化页面完成后，再对 HTML 的 DOM 节点进行一些需要的操作。

【例 2.13】created 与 mounted 函数的应用（源代码 \ch02\2.13.html）

```
<div id="app">
    <ul>
        <li id="box1"></li>
        <li id="box2"></li>
        <li id="box3"></li>
    </ul>
</div>
<script>
    new Vue({
        el:'#app',
        data:{
            name:'',
            sex:'',
            age:0
        },
        methods:{
            way:function (){
                alert("使用created初始化方法")
            }
        },
        created:function(){
            // 初始化方法
            this.way();
            //初始化数据
            this.name="洗衣机";
            this.city="上海";
            this.price=5800;
        },
        //对DOM的一些初始化操作
        mounted:function(){
            document.getElementById("box1").innerHTML=this.name;
            document.getElementById("box2").innerHTML=this.city;
            document.getElementById("box3").innerHTML=this.price;
        }
    })
</script>
```

在谷歌浏览器中运行程序，效果如图 2-17 所示，单击"确定"按钮，页面加载完成效果如图 2-18 所示。

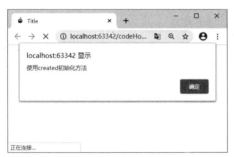

图 2-17　页面效果

图 2-18　页面加载完成后效果

2.5　插值

插值的语法有以下 3 种。

1. 文本

数据绑定最常见的形式就是使用 Mustache 语法（双大括号）的文本插值：

```
<span>Message:{{ message }}</span>
```

Mustache 标签将会被替换为对应数据对象上 message 属性的值。无论何时，若绑定的数据对象上的 message 属性发生了改变，插值处的内容都会更新。

通过使用 v-once 指令，也能执行一次性的插值，当数据改变时，插值处的内容不会更新。但这会影响到该节点上的其他数据绑定：

```
<span v-once>这个将不会改变:{{ message }}</span>
```

在下面案例中，在标题中插值，插值为 Vue.js，可以根据需要进行修改。

【例 2.14】渲染文本（源代码 \ch02\2.14.html）

```
<div id="app">
    <h3>hello {{title}}</h3>
</div>
<script>
    new Vue({
        el:'#app',
        data:{
            title:'Vue.js'
        }
    })
</script>
```

在谷歌浏览器中运行程序，按 F12 键，打开浏览器的开发工具，结果如图 2-19 所示。

图 2-19　渲染文本

2. 原始 HTML

Mustache 语法（双大括号）会将数据解释为普通文本，而非 HTML 代码。为了输出真正的 HTML，需要使用 v-html 指令。

> 提示：不能使用 v-html 来复合局部模板，因为 Vue 不是基于字符串的模板引擎。反之，对于用户界面（UI），组件更适合作为可重用和可组合的基本单位。

例如想要输出一个 a 标签，首先需要在 data 属性中定义该标签，然后根据需要定义 href 属性值和标签内容，最后使用 v-html 绑定到对应的元素上。

【例 2.15】输出真正的 HTML（源代码 \ch02\2.15.html）

```
<div id="app">
    <p>{{site}}</p>
    <p v-html="site"></p>
</div>
<script>
    new Vue({
        el:'#app',
        data:{
            site:'<a href="https://cn.vuejs.org/">Vue.js官网</a>'
        }
    })
</script>
```

在谷歌浏览器中运行程序，按 F12 键，打开浏览器的开发工具，可以发现使用 v-html 指令的 p 标签输出了真正的 a 标签，当单击"Vue.js 官网"链接后，将跳转到对应的页面，效果如图 2-20 所示。

图 2-20　输出真正的 HTML

注意：站点上动态渲染任意 HTML 可能会非常危险，很容易导致 XSS 攻击。所以只对可信内容使用 HTML 插值，绝不要对用户提交的内容使用插值。

大牛提醒：Mustache 语法不能作用在 HTML 特性上，如果需要控制某个元素的属性，可以使用 v-bind 指令。

3. 使用 JavaScript 表达式

在模板中，一直都只绑定简单的属性键值。但实际上，对于所有的数据绑定，Vue.js 都提供了完全的 JavaScript 表达式支持。

```
{{ number + 1 }}
{{ ok ? 'YES':'NO' }}
{{ message.split('').reverse().join('')}}
<div v-bind:id="'list-' + id"></div>
```

上面这些表达式会在所属 Vue 实例的数据作用域下作为 JavaScript 被解析。限制就是，每个绑定都只能包含单个表达式，所以下面的例子都不会生效。

```
<!-- 这是语句，不是表达式 -->
{{ var a = 1}}
<!-- 流控制也不会生效，请使用三元表达式 -->
{{ if (ok){ return message } }}
```

【例 2.16】 使用 JavaScript 表达式（源代码 \ch02\2.16.html）

```
<div id="app">
    <p>苹果总共{{apple*weight1}}元</p>
    <p>香蕉总共{{banana*weight2}}元</p>
    <p>总共应支付{{apple*weight1+banana*weight2}}元</p>
</div>
<script>
    new Vue({
        el:"#app",
        data:{
            apple:10,
            weight1:5,
            banana:5,
            weight2:10,
        }
    })
</script>
```

在谷歌浏览器中运行程序，结果如图 2-21 所示。

图 2-21 使用 JavaScript 表达式计算结果

2.6 指令

指令（Directives）是带有"v-"前缀的特殊特性。指令特性的值预期是单个 JavaScript 表达式（v-for 是例外情况）。指令的职责是，当表达式的值改变时，将会产生连带影响，响应式地作用于 DOM。

例如下面代码中，v-if 指令将根据表达式布尔值（boole）的真假来插入或移除 <p> 元素。

```
<p v-if="boole">现在你可以看到我了</p>
```

1. 参数

一些指令能够接收一个"参数"，在指令名称后以冒号表示。例如，v-bind 指令可用于响应式地更新 HTML 特性：

```
<a v-bind:href="url">...</a>
```

在这里 href 是参数，告知 v-bind 指令将 <a> 元素的 href 特性与表达式 url 的值绑定。

v-on 指令用于监听 DOM 事件，例如下面代码：

```
<a v-on:click="doSomething">...</a>
```

其中，参数 click 是监听的事件名，在后面章节中将会详细介绍 v-on 指令的具体用法。

2. 动态参数

从 Vue 2.6.0 版本开始，可以用方括号括起来的 JavaScript 表达式作为一个指令的参数：

```
<a v-bind:[attributeName]="url"> ... </a>
```

这里的 attributeName 会被作为一个 JavaScript 表达式进行动态求值，求得的值将作为最终的参数来使用。例如，Vue 实例中的 data 选项有一个 attributeName 属性，其值为 href，那么这个绑定等价于 v-bind:href。

同样地，可以使用动态参数为一个动态的事件名绑定处理函数：

```
<a v-on:[eventName]="doSomething"> ... </a>
```

在上段代码中，当 eventName 的值为 click 时，v-on:[eventName] 将等价于 v-on:click。

下面看一个案例，其中用 v-bind 绑定动态参数 attr，v-on 绑定事件的动态参数 things。

【例 2.17】动态参数（源代码 \ch02\2.17.html）

```
<div id="app">
    <p><a v-bind:[attr]="url">百度链接</a></p>
    <p><button v-on:[things]="doSomething">单击事件</button></p>
</div>
<script>
    var vm = new Vue({
        el:'#app',
        data:{
            attr:'href',
            things:'click',
            url:'baidu.com',
        },
        methods:{
            doSomething:function(){
                alert('触发了单击事件！')
            }
        }
    })
</script>
```

在谷歌浏览器中运行程序，在页面中单击"单击事件"按钮，弹出"触发了单击事件！"提示信息，结果如图 2-22 所示。

图 2-22 动态参数

对动态参数的值的约束：动态参数预期会求出一个字符串，异常情况下值为 null。这个特殊的 null 值可以被显性地用于移除绑定。任何其他非字符串类型的值都会触发一个警告。

动态参数表达式有一些语法约束。因为某些字符，如空格和引号，放在 HTML 属性名里是无效的。例如：

```
<!--这会触发一个编译警告-->
<a v-bind:['foo' + bar]="value">...</a>
```

所以不要使用带空格或引号的表达式，或用计算属性替代这种复杂表达式。

在 DOM 中使用模板时，还需要避免使用大写字母来命名键名，因为浏览器会把属性名全部强制转换为小写形式：

```
<!--
在DOM中使用模板时这段代码会被转换为v-bind:[someattr]。
除非在实例中有一个名为someAttr的property，否则代码不会工作。
-->
<a v-bind:[someAttr]="value"> ... </a>
```

3. 事件修饰符

修饰符（modifier）是以半角句号"."指明的特殊后缀，用于指出 v-on 应该以特殊方式绑定。例如 .prevent 修饰符告诉 v-on 指令对于触发的事件调用 event.preventDefault()：

```
<form v-on:submit.prevent="onSubmit">...</form>
```

2.7 缩写

"v-"前缀作为一种视觉提示，用来识别模板中 Vue 特定的特性。在使用 Vue.js 为现有标签添加动态行时，"v-"前缀很有帮助。然而，对于一些频繁用到的指令来说，就会感到其使用很烦琐。同时，在构建由 Vue 管理所有模板的单页面应用程序（SPA-single page application）时，"v-"前缀也变得没那么重要了。因此，Vue 为 v-bind、v-on 和 v-slot 这三个常用的指令提供了缩写形式。

1. v-bind 缩写

```
<!-- 完整语法 -->
<a v-bind:href="url">...</a>
<!-- 缩写 -->
<a :href="url">...</a>
```

2. v-on 缩写

```
<!-- 完整语法 -->
<a v-on:click="doSomething">...</a>
<!-- 缩写 -->
<a @click="doSomething">...</a>
```

3. v-slot 缩写

```
<!-- 完整语法 -->
<slotOne v-slot:default></slotOne>
<!-- 缩写 -->
```

```
<slotOne #default></slotOne>
```

它们看起来可能与普通的 HTML 略有不同，但":""@"和"#"对于特性名来说都是合法字符，在所有支持 Vue 的浏览器中都能被正确地解析。而且，它们不会出现在最终渲染的标记中。

2.8 新手疑难问题解答

▍疑问 1：如何在插值语法中使用 JavaScript 表达式？

Vue.js 支持 JavaScript 表达式。例如以下代码：

```
<p>{{message.toUpperCase()}}</p>
```

这里就使用了 JavaScript 表达式。不过需要注意的是，每个绑定只能包含单个表达式，否则将不会生效。例如：

```
<!—这里是语句，不是表达式 -->
{{var n=1}}
<!—这里是if语句，不是单个表达式 -->
{{if(1==3){return message}}}
```

▍疑问 2：命名动态参数时需要注意什么？

指令的参数可以是动态参数，例如以下代码：

```
<a v-bind:[attribute]= "url">百度官网</a>
```

这里的 attribute 会作为表达式进行动态求值，求得的值作为最终的参数来使用。这里记得要避免使用大写字母命名动态参数，因为浏览器会把元素的属性名全部转换为小写字母，最后会因为大小写问题而找不到最终的大写动态参数名称。

第3章 指令

指令是 Vue 模板中最常用的一项功能，它带有前缀 v-，主要职责是当其表达式的值改变时，相应地将某些行为应用在 DOM 上。本章除了介绍 Vue 的内置指令以外，还介绍了自定义指令的注册与使用。

3.1 内置指令

顾名思义，内置指令就是 Vue 内置的一些指令，它是针对一些常用的页面功能提供以指令来封装的使用形式，以 HTML 属性的方式使用。

3.1.1 v-bind

v-bind 指令主要用于响应更新 HTML 元素的属性，将一个或多个属性或者一个组件的 prop 动态绑定到表达式。

下面案例中，将按钮的 title 和 style 属性通过 v-bind 指令进行绑定，这里对于样式的绑定，需要构建一个对象。其他的对于样式的绑定方法，将在后面的学习中详细介绍。

【例 3.1】v-bind 指令（源代码 \ch03\3.1.html）

```
<div id="app">
    <input type="button" value="按钮" v-bind:title="Title" v-bind:style="{color:Color,width:Width+'px'}">
    <p><a:href="Address">超链接</a></p>
</div>
<script>
    var app=new Vue({
        el:'#app',
        data:{
            Title:'这是我自定义的title属性',
            Color:'blue',
            Width:'100',
            Address:"https://www.baidu.com/"
        }
    });
</script>
```

在谷歌浏览器中运行程序，打开控制台，可以看到数据已经渲染到了 DOM 中，结果如图 3-1 所示。

图 3-1 v-bind 指令

3.1.2 v-on

v-on 指令用于监听 DOM 事件，当触发时运行一些 JavaScript 代码。v-on 指令的表达式可以是一般的 JavaScript 代码，也可以是一个方法的名字或者方法调用语句。

在使用 v-on 指令对事件进行绑定时，需要在 v-on 指令后面加上事件名称，例如 click、mousedown、mouseup 等事件。

【例 3.2】v-on 指令（源代码 \ch03\3.2.html）

```
<div id="app">
    <p>
        <!--监听click事件，使用JavaScript
        语句-->
        <button v-on:click="number-=1">-1</button>
        <span>{{number}}</span>
        <button v-on:click="number+=1">+1</button>
    </p>
    <p>
        <!--监听click事件，绑定方法-->
        <button v-on:click="say()">
        发言</button>
    </p>
</div>
<script>
    var app=new Vue({
        el:"#app",
        data:{
            number:0,
        },
        methods:{
            say:function(){
                alert("欢迎来到北京！")
            }
        }
    })
</script>
```

在谷歌浏览器中运行程序，单击"发言"按钮，触发 click 事件，调用 say() 函数，页面效果如图 3-2 所示。

图 3-2　v-on 指令

在 Vue 应用中许多事件处理逻辑会很复杂，所以直接把 JavaScript 代码写在 v-on 指令中是不可行的，此时就可以使用 v-on 接收一个方法，把复杂的逻辑放到这个方法中。

> **大牛提醒**：使用 v-on 指令接收的方法名称也可以传递参数，只需要在 methods 中定义方法时说明这个形参，即可在方法中获取。

3.1.3　v-model

v-model 指令用于在表单的 <input>、<textarea> 及 <select> 元素上创建双向数据绑定，它会根据控件类型自动选取正确的方法更新元素。它负责监听用户的输入事件以及更新数据，并对一些极端场景进行特殊处理。

【例 3.3】v-model 指令（源代码 \ch03\3.3.html）

```
<div id="app">
    <!--使用v-model指令双向绑定input
    的值和test属性的值-->
    <p><input v-model="content"
        type="text"></p>
    <!--显示content的值-->
    <p>{{content}}</p>
</div>
<script>
    var app=new Vue({
        el:'#app',
        data:{
            content:0
        }
    });
</script>
```

在谷歌浏览器中运行程序，在输入框中输入"0123456789"，在输入框下面插值的位置会显示"0123456789"，如图 3-3 所示。

图 3-3　v-model 指令

此时，在谷歌浏览器的控制台中输入：

```
app.content
```

按下 Enter 键，可以看到 content 属性的值也变成了"0123456789"，如图 3-4 所示。还可以在实例中更改 content 属性的值，例如在谷歌浏览器的控制台中输入下面代码：

```
app.content="abcdefg";
```

然后按下 Enter 键，可发现页面中的内容也发生了变化，如图 3-5 所示。

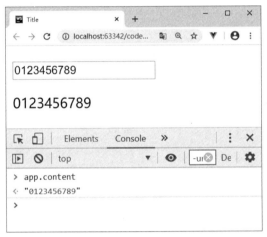

图 3-4　监听用户的输入

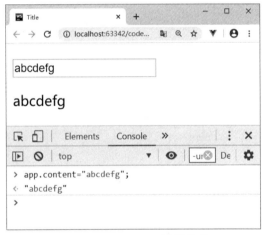

图 3-5　更改 content 属性的值

从上面这个案例可以了解 Vue 的双向数据绑定，关于 v-model 指令的更多使用方法，后面的章节中还会详细讲述。

3.1.4　v-text

v-text 指令用来更新元素的文本内容。如果只需要更新部分文本内容，使用插值来完成。

【例 3.4】v-text 指令（源代码 \ch03\3.4.html）

```
<div id="app">
    <!--更新部分内容-->
    <p>请说话:{{message}}</p>
    <!--更新全部内容-->
    <p v-text="message">请说话:</p>
</div>
<script>
    var app=new Vue({
```

```
        el:'#app',
        data:{
            message:'hello world!',
        }
    });
</script>
```

在谷歌浏览器中运行程序，结果如图 3-6 所示。

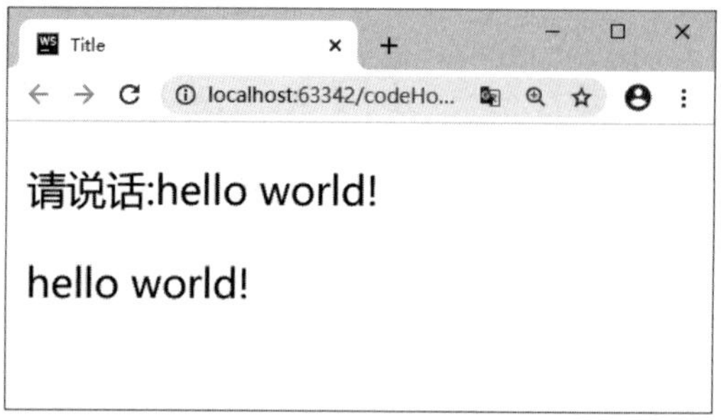

图 3-6　v-text 指令

3.1.5　v-html

v-html 指令用于更新元素的 innerHTML 属性。内容按普通 HTML 文件插入，不会作为 Vue 模板进行编译。

【例 3.5】v-html 指令（源代码 \ch03\3.5.html）

```
<div id="app">
    <p v-html="message">请说话:</p>
</div>
<script>
    var app=new Vue({
        el:'#app',
        data:{
            message:'<h4 style="color:red">hello world! </h4>',
        }
    });
</script>
```

在谷歌浏览器中运行程序，结果如图 3-7 所示。

图 3-7　v-html 指令

3.1.6　v-show

v-show 指令会根据表达式的真假值，切换元素的 display CSS 属性，以显示或者隐藏元素。当条件变化时该指令会自动触发过渡效果。

【例 3.6】v-show 指令（源代码 \ch03\3.6.html）

```
<div id="app">
    <h3 v-show="ok">小明</h3>
    <h3 v-show="no">小红</h3>
    <h3 v-show="score>=60">考试及格
        了</h3>
</div>
<script>
```

```
    var app=new Vue({
        el:'#app',
        data:{
            ok:true,
            no:false,
            score:60,
        }
    });
</script>
```

在谷歌浏览器中运行程序，打开控制台，结果如图 3-8 所示。

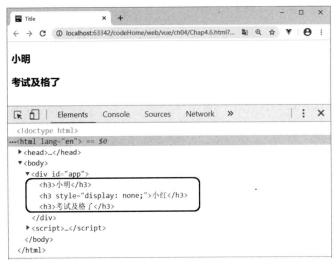

图 3-8　v-show 指令

从上面的案例可以发现，"小红"并没有显示，是因为 v-show 指令计算 no 的值为 false，所以元素不会显示。

在谷歌浏览器的控制台中可以看到，使用 v-show 指令，元素本身是被渲染到页面的，只是通过 CSS 的 display 属性来控制元素的显示或者隐藏。如果 v-show 指令计算的结果为 false，则设置其样式为"display:none;"。

下面在谷歌浏览器的控制台中，修改"小红"一栏中 display 为 true，可以发现页面中就显示了小红，如图 3-9 所示。

图 3-9　修改 v-show 指令后的结果

除了上面在常用的一些元素上使用 v-show 指令外，还可以在 HTML5 新增的 <template> 元素上使用，把要显示或隐藏的内容放在其中。这样做的好处是在最终渲染的结果中不会包含 <template> 元素。实际上，<template> 元素是被当作一个不可见的包裹元素，主要用于分组的条件判断和列表渲染。

【例 3.7】在 <template> 元素上使用 v-show 指令（源代码 \ch03\3.7.html）

```
<div id="app">
    <template v-show="ok">
        <ul>
            <li>小明</li>
            <li>男</li>
            <li>20岁</li>
        </ul>
    </template>
</div>
<script>
    var app=new Vue({
        el:'#app',
        data:{
            ok:true,
        }
    });
```

</script>

在谷歌浏览器中运行程序，打开控制台，结果如图 3-10 所示。

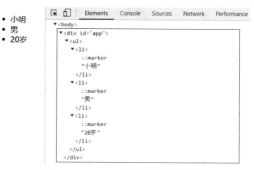

图 3-10　v-show 指令的渲染结果

3.1.7　v-if/v-else-if/v-else

在 Vue 中使用 v-if、v-else-if 和 v-else 指令实现条件判断。

1. v-if

v-if 指令根据表达式的真假来切换渲染元素。

【例 3.8】v-if 指令（源代码 \ch03\3.8.html）

```
<div id="app">
    <h3 v-if="ok">小明</h3>
    <h3 v-if="no">小红</h3>
    <h3 v-if="score>=60">考试及格了</h3>
</div>
<script>
    var app=new Vue({
        el:'#app',
        data:{
            ok:true,
            no:false,
            score:60,
        }
    });
</script>
```

在谷歌浏览器中运行程序，打开控制台，结果如图 3-11 所示。

图 3-11　v-if 指令应用

在上面的案例中，v-if="no" 的元素并没有被渲染，而 v-if="ok" 的元素正常渲染了。也就是说，当表达式的值为 false 时，v-if 指令不会创建该元素，只有当表达式的值为 true 时，v-if 指令才会真正创建该元素。这与 v-show 指令不同，v-show 指令不管表达式真假，元素本身都会被创建，而显示与否是通过 CSS 的样式属性 display 来控制的。

如果 v-if 需要控制多个元素的创建和删除，则与 v-show 指令一样，也可以使用 <template> 元素来包裹被控制的元素，然后在 <template> 元素上使用 v-if 指令。

一般来说，v-if 有更高的切换开销，而 v-show 有更高的初始渲染开销。因此，如果需要非常频繁地切换，则使用v-show较好；如果在运行时条件很少改变，则使用v-if较好。

2. v-else-if/v-else

v-else-if指令与v-if指令一起使用，与JavaScript中的if…else if类似。

下面案例使用v-else-if指令与v-if指令判断学生可以上什么院校。

【例3.9】v-else-if指令与v-if指令（源代码\ch03\3.9.html）

```
<div id="app">
    <span v-if="score>=500">一本院校
    </span>
    <span v-else-if="score>=420">二本院校</span>
    <span v-else-if="score>=380">三本院校</span>
    <span v-else-if="score>=300">专科院校</span>
    <span v-else>没有考上</span>
</div>
<script>
    var app=new Vue({
        el:'#app',
        data:{
            score:600
        }
    });
</script>
```

在谷歌浏览器中运行程序，结果如图3-12所示。

图3-12　v-else-if指令与v-if指令应用

在上面的案例中，当满足其中一个条件后，程序就不会再往下执行。使用v-else-if和v-else指令时，它们要紧跟在v-if或者v-else-if指令之后。

3. 用key管理可复用的元素

Vue会尽可能高效地渲染元素，通常会复用已有元素而不是从头开始渲染。这么做除了使Vue变得非常快之外，还有其他一些好处。例如，允许用户在不同的登录方式之间切换。

【例3.10】不使用key属性（源代码\ch03\3.10.html）

```
<div id="app">
<template v-if="login==='username'">
    <label>姓名：</label>
    <input placeholder="输入姓名">
</template>
<template v-else>
    <label>邮箱：</label>
    <input placeholder="输入邮箱">
</template>
<button v-on:click="toggle">切换
</button>
</div>
<script>
    new Vue({
        el:'#app',
        data:{
            login:'username'
        },
        methods:{
            toggle:function(){
                if(this.login==='username'){
                    this.login="email";
                }
                else{
                    this.login="username";
                }
            }
        }
    });
</script>
```

在谷歌浏览器中运行程序，在输入框中输入"何健"，如图3-13所示；然后单击"切换"按钮，可以看到邮箱中的值还是"何健"，如图3-14所示。

图 3-13 输入内容

图 3-14 切换效果

在上面的案例中，切换并不会清除用户已经输入的内容。因为两个模板使用了相同的元素 <input>，<input> 不会被替换，仅仅是替换了它的 placeholder。

这样做也不总是符合实际需求，所以 Vue 提供了一种方式来提示"这两个元素是完全独立的，不要复用它们"。即只需添加一个具有唯一值的 key 属性即可。

修改上面的案例，只需在页面部分更改即可，代码如下：

```
<div id="app">
    <template v-if="login==='username'">
        <label>姓名：</label>
        <input placeholder="输入姓名" key="username">
    </template>
    <template v-else>
        <label>邮箱：</label>
        <input placeholder="输入邮箱" key="email">
    </template>
    <button v-on:click="toggle">切换</button>
</div>
```

在谷歌浏览器中运行程序，在输入框中输入"何健"，如图 3-15 所示；然后单击"切换"按钮，输入框被重新渲染，邮箱中的值为默认的 placeholder，如图 3-16 所示。

图 3-15 输入内容

图 3-16 切换效果

3.1.8 v-for

使用 v-for 指令可以对数组、对象进行循环，来获取其中的每一个值。

1. v-for 遍历数组

使用 v-for 指令，必须使用特定语法 alias in expression。例如 item in items，其中 items 是源数据数组，而 item 则是被迭代的数组元素的别名，具体格式如下：

```
<div v-for="item in items">
    {{item}}
</div>
```

下面看一个案例，使用 v-for 指令循环渲染一个数组。

【例 3.11】v-for 指令遍历数组（源代码\ch03\3.11.html）

```
<div id="app">
    <ul>
        <li v-for="item in nameList">
        {{item.name}}--{{item.score}}
        分--{{item.class}}
        </li>
    </ul>
</div>
<script>
    var app=new Vue({
        el:'#app',
        data:{
            nameList:[
                {name:'小明',score:'80',
                class:'一班'},
                {name:'小华',score:'95',
                class:'一班'},
                {name:'小红',score:'90',
                class:'二班'}
            ]
        }
    });
</script>
```

在谷歌浏览器中运行程序，打开控制台，结果如图 3-17 所示。

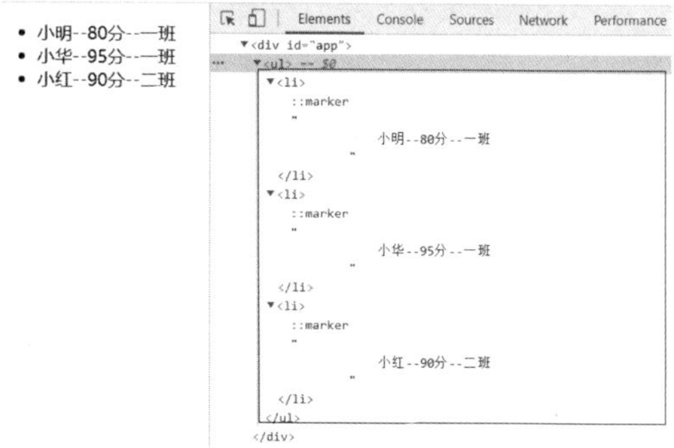

图 3-17 v-for 指令遍历数组

> **大牛提醒**：v-for 指令的语法结构也可以使用 of 替代 in 作为分隔符，例如：
>
> `<li v-for="item of nameList">`

在 v-for 指令中，可以访问所有父作用域的属性。v-for 还支持一个可选的第二个参数，即当前项的索引。例如，更改上面的案例，添加 index 参数，代码如下：

```
<ul>
    <li v-for="(item,index) in nameList">
        {{index}}---{{item.name}}--{{item.
        score}}分--{{item.class}}
    </li>
</ul>
```

在谷歌浏览器中运行程序，结果如图 3-18 所示。

图 3-18 v-for 指令的第二个参数

2. v-for 遍历对象

遍历对象的语法和遍历数组的语法是一样的：

`value in object`

其中，object 是被迭代的对象，value 是被迭代的对象属性的别名。

【例 3.12】v-for 指令遍历对象（源代码\ch03\3.12.html）

```
<div id="app">
    <ul>
        <li v-for="item in nameObj">
        {{item}}
        </li>
    </ul>
</div>
<script>
    var app=new Vue({
        el:'#app',
```

```
        data:{
            nameObj:{
                name:"小明",
                score:"60分",
                class:"一班"
            }
        }
    });
</script>
```

在谷歌浏览器中运行程序,结果如图3-19所示。

图3-19 v-for指令遍历对象

还可以添加第二个参数,用来获取键值;要获取选项的索引,可以添加第三个参数。

【例3.13】添加第二、三个参数(源代码\ch03\3.13.html)

```
<div id="app">
    <ul>
        <li v-for="(item,key,index)
         in nameObj">
        {{index}}--{{key}}--{{item}}
        </li>
    </ul>
</div>
<script>
    var app=new Vue({
        el:'#app',
        data:{
            nameObj:{
                name:"小明",
                score:"60分",
                class:"一班"
            }
        }
    });
</script>
```

在谷歌浏览器中运行程序,结果如图3-20所示。

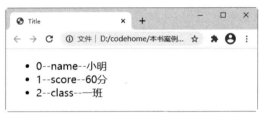

图3-20 添加第二、三个参数

3. v-for 遍历整数

也可以使用 v-for 指令遍历整数。

【例3.14】v-for 指令遍历整数(源代码\ch03\3.14.html)

```
<div id="app">
    <span v-for="item in 10">
        {{item}}
    </span>
</div>
<script>
    var app=new Vue({
        el:'#app',
    });
</script>
```

在谷歌浏览器中运行程序,结果如图3-21所示。

图3-21 v-for指令遍历整数

4. 在 <template> 上使用 v-for

类似于 v-if,也可以利用带有 v-for 的 <template> 来循环渲染一段包含多个元素的内容。

【例3.15】在 <template> 上使用 v-for（源代码 \ch03\3.15.html）

```
<div id="app">
    <ul>
     <template v-for="(item,key,
      index) in nameObj">
            <li>{{index}}--{{key}}--
            {{item}}</li>
        </template>
    </ul>
</div>
<script>
    var app=new Vue({
        el:'#app',
        data:{
            nameObj:{
                name:"小明",
                score:"60分",
                class:"一班"
            }
        }
```

```
    });
</script>
```

在谷歌浏览器中运行程序，打开控制台，并没有看到 <template> 元素，结果如图 3-22 所示。

图 3-22　在 <template> 上使用 v-for

大牛提醒：<template> 元素一般常和 v-for 与 v-if 一起使用，这样会使得整个 HTML 结构更加清晰。

5. 数组更新检测

Vue 将被监听的数组的变异方法进行了包裹，它们也会触发视图更新。被包裹的方法包括 push()、pop()、shift()、unshift()、splice()、sort() 和 reverse()。

【例3.16】数组更新检测（源代码 \ch03\3.16.html）

```
<div id="app">
    <ul>
        <li v-for="(item,index) in
         nameList">
            {{index}}--{{item}}
        </li>
    </ul>
</div>
<script>
    var app=new Vue({
        el:'#app',
        data:{
```

```
            nameList:["小红","女","18岁"]
        }
    });
</script>
```

在谷歌浏览器中运行程序，结果如图 3-23 所示。打开控制台，在 Console 选项中输入"app.nameList.unshift（"北京"）"和"app.nameList.push（"高三"）"，按下 Enter 键，数据将添加到 nameList 数组中，在页面中也显示出添加的内容，如图 3-24 所示。

图 3-23　初始化效果

图 3-24　unshift() 方法作用效果

还有一些非变异方法，例如 filter()、concat() 和 slice()。它们不会改变原始数组，而总是返回一个新数组。当使用非变异方法时，可以用新数组替换旧数组。

在浏览器控制台输入"app.nameList=app.nameList.concat(["北京","高三"]);"，把变更后的数组再赋值给 Vue 实例的 nameList，按下 Enter 键，可发现页面发生了变化，如图 3-25 所示。

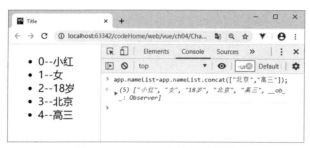

图 3-25　concat() 方法作用效果

可能有人会认为，这将导致 Vue 丢弃现有 DOM 并重新渲染整个列表，事实并非如此。Vue 为了使 DOM 元素得到最大范围的重用而实现了一些智能的启发式方法，所以用一个含有相同元素的数组去替换原来的数组是非常高效的操作。

由于 JavaScript 的限制，当利用索引直接设置一个数组项时，Vue 不能检测数组的变动。例如更改上面案例：

```
<script>
    var app=new Vue({
        el:'#app',
        data:{
            nameList:["小红","女","18岁"]
        }
    });
    //通过索引向数组nameList添加"高三"
    app.nameList[3]="高三";
</script>
```

在谷歌浏览器中运行程序，结果如图 3-26 所示。

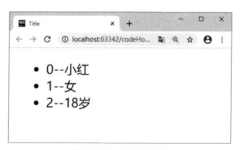

图 3-26　运行结果

从上面结果可以发现，要添加的内容并没有添加到数组中。要解决这类问题，可以采用以下两种方式：

```
// 使用Vue的set()方法
Vue.set(app.nameList,3,"高三")
//使用数组原型的splice()方法
app.nameList.splice(0,0,"北京")
```

修改上面的案例：

```
<script>
    var app=new Vue({
        el:'#app',
        data:{
            nameList:["小红","女","18岁"]
        }
    });
    // 使用Vue的set()方法
    Vue.set(app.nameList,3,"高三")
    //使用数组原型的splice()方法
    app.nameList.splice(0,0,"北京")
</script>
```

在谷歌浏览器中运行程序，可发现要添加的内容在页面上已经显示，结果如图 3-27 所示。

图 3-27　运行结果

作为替代，也可以使用 Vue 实例的 $set 方法，该方法是全局方法 Vue.set 的一个别名，使用如下：

```
app.$set(app.nameList,3,"高三")
```

6. key 属性

当 Vue 正在更新使用 v-for 渲染的元素列表时，它默认使用"就地更新"的策略。如果数据项的顺序被改变，Vue 将不会移动 DOM 元素来匹配数据项的顺序，而是就地更新每个元素，并且确保它们在每个索引位置正确渲染。

为了给 Vue 一个提示，以便它能跟踪每个节点的身份，从而重用和重新排序现有元素，需要为每项提供一个唯一的 key 属性。

下面我们先来看一下不使用 key 属性的一个案例。

在下面的案例中，定义一个 nameList 数组对象，使用 v-for 指令渲染到页面，同时添加三个输入框和一个"添加"按钮，可以通过按钮向数组对象中添加内容。在实例中定义一个 add 方法，在方法中使用 unshift() 向数组的开头添加元素。

【例 3.17】不使用 key 属性（源代码\ch03\3.17.html）

```
<div id="app">
    <div>name:<input type="text"
      v-model="names"></div>
    <div>score:<input type="text"
      v-model="scores"></div>
    <div>class:<input type="text" v-model="classes"><button v-on:click="add()">添加</button></div>
    <hr>
    <p v-for="item in nameList">
        <input type="checkbox">
```

```
            <span>name:{{item.name}},score:{{item.score}},class:{{item.class}}</span>
        </p>
    </div>
    <script>
        var app=new Vue({
            el:'#app',
            data:{
                names:"",
                scores:"",
                classes:"",
                nameList:[
                    {name:'小明',score:'80',class:'一班'},
                    {name:'小华',score:'95',class:'一班'},
                    {name:'小红',score:'90',class:'二班'}
                ]
            },
            methods:{
                add:function(){
                    this.nameList.unshift({
                        name:this.names,
                        score:this.scores,
                        class:this.classes
                    })
                }
            }
        });
    </script>
```

在谷歌浏览器中运行程序，选中列表中的第一个选项，如图 3-28 所示；然后在输入框中输入新的内容，单击"添加"按钮后，向数组开头添加一组新数据，页面中也会相应地显示，如图 3-29 所示。

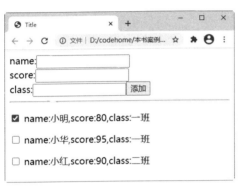

图 3-28　选中列表中的第一个选项

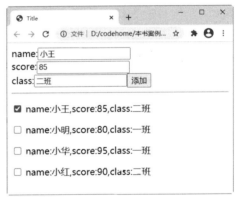

图 3-29　添加新数据后的效果

从上面的结果可以发现，刚才选择的"小明"变成了新添加的"小王"。很显然这不是想要的结果。

产生这种效果的原因就是 v-for 指令的"就地更新"策略，只记住了数组勾选选项的索引 0。当往数组添加内容的时候，虽然数组长度增加了，但是指令只记得刚开始选择的数组下标，于是就把新数组中下标为 0 的选项选中了。

更改上面的案例，在 v-for 指令的后面添加 key 属性。代码如下：

```
<p v-for="item in nameList" v-bind:key="item.name">
    <input type="checkbox">
    <span>name:{{item.name}},score:{{item.score}},class:{{item.class}}</span>
</p>
```

此时再重复上面的操作，可以发现已经实现了想要的结果，如图 3-30 所示。

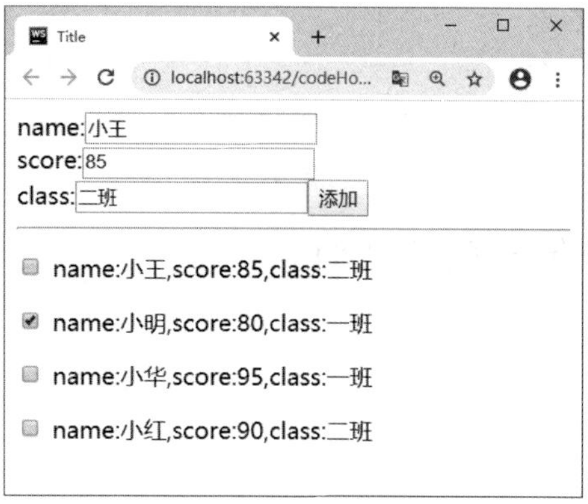

图 3-30 使用 key 属性的结果

7. 过滤与排序

在实际开发中,可能一个数组需要在很多地方使用,但有些地方是过滤后的数据,而有些地方是重新排列的数组。这种情况下,可以使用计算属性或者方法来返回过滤或排序后的数组。

【例 3.18】过滤与排序(源代码 \ch03\3.18.html)

```
<div id="app">
    <p>所有报名的同学</p>
    <ul>
        <li v-for="item in nameList">
            {{item}}
        </li>
    </ul>
    <p>清华大学毕业的</p>
    <ul>
        <li v-for="item in namelists">
            {{item}}
        </li>
    </ul>
    <p>年龄大于或等于23岁的报名者</p>
    <ul>
        <li v-for="item in ages()">
            {{item}}
        </li>
    </ul>
</div>
<script>
    var app=new Vue({
        el:'#app',
        data:{
            nameList:[
                {name:"小明",age:"22",university:"清华大学"},
                {name:"小红",age:"24",university:"北京大学"},
                {name:"小华",age:"23",university:"天津大学"},
            ]
        },
        computed:{   //计算属性
            namelists:function(){
                return this.nameList.filter(function (nameList){
                    return nameList.university==="清华大学";
                })
            }
        },
        methods:{   //方法
            ages:function(){
                return this.nameList.filter(function(nameList){
                    return nameList.age>=23;
                })
            }
        }
    });
</script>
```

在谷歌浏览器中运行程序,结果如图 3-31 所示。

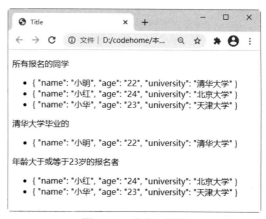

图 3-31 过滤与排序

8. v-for 与 v-if 一同使用

v-for 与 v-if 一同使用，当它们处于同一节点上时，v-for 的优先级比 v-if 高，这意味着 v-if 将分别重复运行于每个 v-for 循环中。当只想渲染部分列表选项时，可以使用这种组合方式。例如下面的案例，循环输出成绩优秀的学生名字。

【例 3.19】v-for 与 v-if 一同使用（源代码 \ch03\3.19.html）

```
<div id="app">
    <h3>一到三班，成绩优秀的同学名单</h3>
    <ul v-for="student in nameList" v-if="student.score>=85">
        <li>{{student.class}}--{{student.name}}--{{student.score}}</li>
    </ul>
</div>
<script>
    new Vue({
        el:"#app",
        data:{
            nameList:[
                {name:"黎明",class:"一班",score:70},
                {name:"张锋",class:"一班",score:88},
                {name:"李华",class:"二班",score:68},
                {name:"张敏",class:"二班",score:90},
                {name:"赵思",class:"三班",score:95},
            ]
        })
</script>
```

在谷歌浏览器中运行程序，结果如图 3-32 所示。

图 3-32　v-for 与 v-if 一同使用

3.1.9　v-pre

v-pre 指令不需要表达式，用于跳过这个元素和它的子元素的编译过程。可以使用 v-pre 来显示原始 Mustache 标签。

【例 3.20】v-pre 指令（源代码 \ch03\3.20.html）

```
<div id="app">
    <div v-pre>{{test}}</div>
</div>
<script>
    var app = new Vue({
        el:'#app',
        data:{
            test:"一起学习Vue.js"
        }
    })
</script>
```

在谷歌浏览器中运行程序，结果如图 3-33 所示。

图 3-33　v-pre 指令应用

3.1.10　v-once

v-once 指令不需要表达式。v-once 指令只渲染元素和组件一次，随后的渲染，使用了此指令的元素、组件及其所有的子节点，都会被当作静态内容并跳过，这可以用于优化更新性能。

例如，在下面的案例中，当修改 input 输入框的值时，使用了 v-once 指令的 p 元素，不会随之改变，而第二个 p 元素则跟随着输入框的内容而改变。

【例 3.21】 v-once 指令（源代码 \ch03\3.21.html）

```
<div id="app">
    <p v-once>不可改变：{{message}}</p>
    <p>可以改变：{{message}}</p>
    <p><input type="text" v-model="message" name=""></p>
</div>
<script>
    new Vue({
        el:'#app',
        data:{
            message:"hello"
        }
    })
</script>
```

在谷歌浏览器中运行程序，然后在输入框中输入"world！"，可以看到，添加 v-once 指令的 p 标签，并没有任何变化，效果如图 3-34 所示。

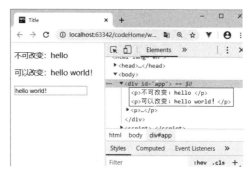

图 3-34　v-once 指令应用

3.1.11　v-cloak

v-cloak 指令不需要表达式。这个指令保持在元素上直到关联实例结束编译。和 CSS 规则如 [v-cloak]{display:none} 一起用时，这个指令可以隐藏未编译的 Mustache 标签直到实例准备完毕。

当网速较慢、Vue.js 文件还没加载完时，在页面上会显示 {{message}} 的字样，直到 Vue 实例创建、模板编译后，{{message}} 才会被替换，这个过程屏幕是闪动的，此时可以使用 v-cloak 指令和 {display:none} 来解决这个问题。

【例 3.22】 v-cloak 指令（源代码 \ch03\3.22.html）

```
<!DOCTYPE html>
<html>
<head>
    <meta charset="UTF-8">
    <title>Title</title>
    <script src="vue.js"></script>
    <!-- 添加 v-cloak 样式 -->
    <style>
        [v-cloak] {
            display:none;
        }
    </style>
</head>
<body>
<div id="app">
    <p v-cloak>{{message}}</p>
</div>
<script>
    new Vue({
        el:'#app',
        data:{
            message:'hello world!'
        }
    });
</script>
</body>
</html>
```

在谷歌浏览器中运行程序，效果如图 3-35 所示。

图 3-35　v-cloak 指令应用

3.2 自定义指令

自定义指令是用来操作 DOM 的。尽管 Vue 的理念是数据驱动视图，但并非所有情况都适合数据驱动。自定义指令就是一种有效的补充和扩展，不仅可用于定义所有的 DOM 操作，并且是可复用的。在 Vue 中，除了核心功能默认内置的指令外，Vue 也允许注册自定义指令。有时对普通 DOM 元素进行底层操作，就会用到自定义指令。

3.2.1 注册自定义指令

自定义指令的注册方法和组件很像，也分全局注册和局部注册。例如，注册一个 v-focus 指令，用于在 <input>、<textarea> 元素初始化时自动获得焦点，两种写法分别是：

```
//全局注册
Vue.directive('focus',{
    //指令选项
});
// 局部注册
var app=new Vue({
    el:'#app',
    directives:{
        focus:{
            //指令选项
        }
    }
})
```

然后可以在模板中的任何元素上使用新的 v-focus 指令，例如：

```
<input v-focus>
```

3.2.2 钩子函数

自定义指令在 directives 选项中实现，在 directives 选项中提供了以下钩子函数，这些钩子函数是可选的。

（1）bind：只调用一次，指令第一次绑定到元素时调用，用这个钩子函数可以定义一个在绑定时执行一次的初始化动作。

（2）update：被绑定元素所在的模板更新时调用，而不论绑定值是否变化。通过比较更新前后的绑定值，可以忽略不必要的模板更新。

（3）inserted：被绑定元素插入父节点时调用（父节点存在即可调用，不必存在于 document 中）。

（4）componentUpdated：被绑定元素所在模板完成一次更新周期时调用。

（5）unbind：只调用一次，指令与元素解绑时调用。

可以根据需求在不同的钩子函数内完成逻辑代码，例如，上面的 v-focus，若希望在元素插入父节点时就调用，最好使用 inserted 选项。

【例3.23】自定义 v-focus 指令（源代码 \ch03\3.23.html）

```
<div id="app">
    <input v-focus>
</div>
<script>
    // 注册一个全局自定义指令 v-focus
    Vue.directive('focus', {
        //当被绑定的元素插入到DOM中时
        inserted:function(el){
            // 聚焦元素
            el.focus()
        }
    });
    new Vue({
        el:'#app'
    });
</script>
```

在谷歌浏览器中运行程序，可以看到，页面将在完成时，输入框自动获取焦点，结果如图 3-36 所示。

图 3-36　自定义 v-focus 指令

每个钩子函数都有几个参数可用，例如上面用到的 el。它们的含义如下。

（1）el：指令所绑定的元素，可以用来直接操作 DOM。

（2）binding：一个对象，包含以下属性。

● name：指令名，不包括"v-"前缀。
● value：指令的绑定值，例如 v-my-directive = "1+1"，value 的值是 2。
● oldValue：指令绑定的前一个值，仅在 update 和 componentUpdated 钩子中可用。无论值是否改变都可用。
● expression：绑定值的字符串形式。例如 v-my-directive="1+1"，expression 的值是"1+1"。
● arg：传给指令的参数。例如 v-my-directive:foo，arg 的值是 foo。
● modifiers：一个包含修饰符的对象。例如 v-my-directive.foo.bar，修饰符对象 modifiers 的值是 {foo: true,bar:true}。

（3）vnode：Vue 编译生成的虚拟节点。

（4）oldVnode：上一个虚拟节点，仅在 update 和 componentUpdated 钩子中可用。

注意：除了 el 之外，其他参数都应该是只读的，切勿进行修改。如果需要在钩子之间共享数据，建议通过元素的 dataset 来进行。

下面自定义一个指令，在其钩子函数中输入各个参数。

【例3.24】bind钩子函数的参数（源代码\ch03\3.24.html）

```
<div id="app">
    <div v-demo:foo.a.b="message"></div>
</div>
<script>
    Vue.directive('demo', {
        bind:function (el, binding, vnode){
            var s = JSON.stringify
            el.innerHTML =
                'name:'          +
s(binding.name) + '<br>' +
                'value:'         +
s(binding.value) + '<br>' +
                'expression:'    +
s(binding.expression) + '<br>' +
                'argument:'      +
s(binding.arg) + '<br>' +
                'modifiers:'     +
s(binding.modifiers) + '<br>' +
                'vnode keys: '   +
Object.keys(vnode).join(', ')
        }
    })
    new Vue({
        el:'#app',
```

```
        data:{
            message:'hello!'
        }
    })
</script>
```

在谷歌浏览器中运行程序,由于将 bind 钩子函数的参数信息赋值给了 <div> 元素的 innerHTML 属性,所以将会在页面中显示 bind 钩子函数的参数信息,结果如图 3-37 所示。

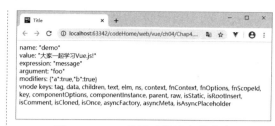

图 3-37　bind 钩子函数的参数信息

3.3　新手疑难问题解答

▍疑问 1:控制多个元素时是选择 v-show 还是 v-if?

v-show 和 v-if 都可以控制多个元素的创建或删除。相比之下,v-show 有更高的初始渲染开销,而 v-if 有更高的切换开销。通过 <template> 元素包裹需要控制的多个元素,然后在 <template> 元素上使用 v-if 指令。因此,如果需要频繁地切换元素的显示和隐藏,使用 v-show 比较好,反之则使用 v-if 比较好。

▍疑问 2:什么是语法糖?

语法糖是由英国计算机科学家彼得·约翰·兰达(Peter J. Landin)发明的一个术语,指计算机语言中添加的某种语法,这种语法对语言的功能并没有影响,但是更方便程序员使用。通常来说,使用语法糖能够增加程序的可读性,从而减少程序代码出错的概率。例如,v-model 本质上是一个语法糖。

第4章 计算属性

在 Vue 中，可以很方便地使用插值表达式的方式将数据渲染到页面元素中，但是插值表达式的设计初衷是用于简化运算，不应该对插值做过多的操作。当需要对插值做进一步的处理时，就应该使用 Vue 中的计算属性。

4.1 使用计算属性

计算属性在 Vue 的 computed 选项中定义，它可以在模板上进行双向数据绑定以展示结果或者用作其他处理。

通常用户会在模板中定义表达式，非常方便，Vue 的设计初衷也是为了简化运算。但是在模板中放入太多的逻辑会让模板变得臃肿且难以维护。例如：

```
<div id="app">
    {{message.split('').reverse().join('')}}
</div>
```

上面的插值语法中的表达式调用了 3 个方法来最终实现字符串的反转，逻辑过于复杂，如果在模板中还要多次使用此处的表达式，就更加难以维护了，此时就应该使用计算属性。

计算属性比较适合对多个变量或者对象进行处理后返回一个结果值，也就是说多个变量中的某一个值发生了变化则绑定的计算属性就会发生变化。

下面是完整的字符串反转的案例，定义了一个 reversedMessage 计算属性，在 input 输入框中输入字符串时，绑定的 message 属性值发生变化，触发 reversedMessage 计算属性，执行对应的函数，使字符串反转。

【例 4.1】使用计算属性（源代码 \ch04\4.1.html）

```
<div id="app">
        输入内容: <input type="text" v-model="message"><br/>
        反转内容: {{reversedMessage}}
</div>
<script>
    var app=new Vue({
        el:'#app',
        data:{
            message:''
        },
        computed:{
            reversedMessage:function(){
                return this.message.split('').reverse().join('')
            }
        }
    })
</script>
```

在谷歌浏览器中运行程序，然后在输入框中输入 "12345678"，下面则会显示对象的反转内容，效果如图 4-1 所示。

图 4-1 字符串反转效果

在上面的案例中，当 message 属性的值改变时，reversedMessage 的值也会自动更新，并且会自动同步更新 DOM 部分。

在谷歌浏览器的控制台中修改 message 的值，如图 4-2 所示，当按下 Enter 键时，执行代码，可以发现 reversedMessage 的值也会发生改变，如图 4-3 所示。

图 4-2　修改 message 的值　　　　图 4-3　reversedMessage 的值发生改变

4.2　计算属性的 getter 和 setter 方法

每个计算属性对应的都是一个对象，对象中包括 getter 和 setter 方法，分别用来获取计算属性和设置计算属性。默认情况下只有 getter 方法，这种情况下可以简写，例如：

```
computed:{
    fullNname:function(){
        //
    }
}
```

默认情况下是不能直接修改计算属性的，如果需要修改计算属性，就需要提供一个 setter 方法。例如：

```
computed:{
    fullNname:{
        //getter方法
        get:function(){
            //
        }
        //setter方法
        set:function(newValue){
            //
        }
    }
}
```

> **大牛提醒**：通常情况下，getter() 方法需要使用 return 返回内容。而 setter() 方法不需要，它用来改变计算属性的内容。

【例 4.2】getter 和 setter 方法（源代码\ch04\4.2.html）

```
<div id="app">
    <p>姓：{{surname}}</p>
    <p>名字：{{name}}</p>
    <p>全称：{{fullName}}</p>
</div>
<script>
    var app=new Vue({
        el:"#app",
        data:{
            surname:"秦",
            name:"始皇"
        },
        computed:{
            fullName:{
                //getter方法，显示时调用
                get:function(){
                    //拼接surname和name
                    return this.surname+" "+this.name;
                },
                //setter方法，设置fullName时调用，其中
                //参数用来接收新设置的值
                set:function(newName){
                    var names=newName.split(' ');   //以空格拆分字符串
                    this.surname=names[0];
                    this.name=names[1];
                }
            }
        }
    })
</script>
```

在谷歌浏览器中运行程序，效果如图 4-4 所示；在浏览器的控制台中设置计算属性 fullName 的值为"汉 武帝"，按下 Enter 键，可以发现计算属性的内容变成了"汉 武帝"，效果如图 4-5 所示。

图 4-4　运行效果

图 4-5　修改后效果

改变计算属性的内容时，如果不提供 setter 方法，程序会报错。例如去掉上面案例中的 setter 方法，然后再改变 fullName 的值，会提示："计算属性 fullName 被赋值，但是没有 setter 方法"，如图 4-6 所示。

图 4-6　不提供 setter 方法效果

4.3 计算属性和方法的区别

计算属性的写法和方法很相似，完全可以在 methods 中定义一个方法来实现相同的功能。

其实，计算属性的本质就是一个方法，只不过，在使用计算属性的时候，是把计算属性的名称直接作为属性来使用，并不会把计算属性作为一个方法去调用。

为什么还要使用计算属性而不是定义一个方法呢？计算属性是基于它们的依赖进行缓存的，即只有在相关依赖发生改变时它们才会重新求值。例如，在例 4.1 中，只要 message 没有发生改变，多次访问 reversedMessage 计算属性都会立即返回之前的计算结果，而不必再次执行函数。

反之，如果使用方法的形式实现，当使用 reversedMessage 方法时，无论 message 属性是否发生了改变，方法都会重新执行一次，这必然会增加系统的开销。

在某些情况下，计算属性和方法可以实现相同的功能，但有一个重要的不同点。在调用 methods 中的一个方法时，所有方法都会被调用。

例如下面的案例，定义了两个方法 add1 和 add2，分别打印"number+a""number+b"，当调用其中的 add1 时，add2 也将被调用。

【例 4.3】方法调用方式（源代码 \ch04\4.3.html）

```
<div id="app">
    <button v-on:click="a++">a+1</button>
    <button v-on:click="b++">b+1</button>
    <p>number+a={{add1()}}</p>
    <p>number+b={{add2()}}</p>
</div>
<script>
    new Vue({
        el:'#app',
        data:{
            a:0,
            b:0,
            number:30
        },
        methods:{
            add1:function(){
                console.log("add1");
                return this.a+this.number;
            },
            add2:function(){
                console.log("add2");
                return this.b+this.number;
            }
        }
    })
</script>
```

在谷歌浏览器中运行程序，打开控制台，单击"a+1"按钮，可以发现控制台打印了"number+a"和"number+b"，如图 4-7 所示。

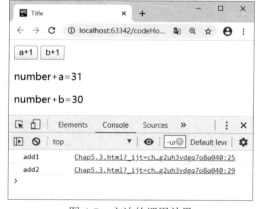

图 4-7 方法的调用效果

使用计算属性则不同，计算属性相当于优化了的方法，使用时只会使用对应的计算属性。例如更改上面的案例，把 methods 换成 computed，并把 HTML 中调用 add1 和 add2 方法的括号去掉。

> **注意**：计算属性的调用不能使用括号，例如 add1、add2；调用方法需要加上括号，例如 add1()、add2()。

【例 4.4】计算属性的调用方式（源代码 \ch04\4.4.html）

```
<div id="app">
    <button v-on:click="a++">a+1
    </button>
    <button v-on:click="b++">b+1
    </button>
    <p>number+a={{add1}}</p>
    <p>number+b={{add2}}</p>
</div>
<script>
    new Vue({
        el:'#app',
        data:{
            a:0,
            b:0,
            number:30
        },
        computed:{
            add1:function(){
                console.log("number+a");
                return this.a+this.
                    number
            },
            add2:function(){
                console.log("number+b");
                return this.b+this.
                    number
            }
        }
    })
</script>
```

在 IE11 浏览器中运行程序，打开控制台，在页面中单击"a+1"按钮，可以发现控制台只打印了"number+a"，如图 4-8 所示。

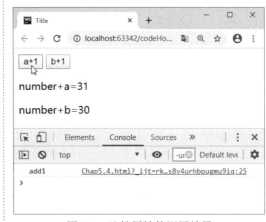

图 4-8　计算属性的调用效果

计算属性比方法更加优化，但并不是什么情况下都使用计算属性，在触发事件时还是使用对应的方法。计算属性一般在数据量比较大，比较耗时的情况下使用（例如搜索），只有虚拟 DOM 与真实 DOM 不同的情况下才会使用 computed 计算属性。

4.4　计算属性代替 v-for 和 v-if

在业务逻辑处理中，会使用 v-for 指令渲染列表的内容，有时候也会使用 v-if 指令的条件判断过滤列表中不满足条件的列表项。实际上，这个功能也可以使用计算属性来完成。

【例 4.5】使用计算属性代替 v-for 和 v-if（源代码 \ch04\4.5.html）

```
<div id="app">
    <h3>一到三班，成绩优秀的同学名单</h3>
    <ul v-for="student in dealName">
        <li>{{student.class}}--
{{student.name}}--{{student.score}}</li>
    </ul>
</div>
```

```
<script>
    new Vue({
        el:"#app",
        data:{
            nameList:[
                {name:"李华",class:"一
                    班",score:70},
                {name:"张敏",class:"一
                    班",score:88},
                {name:"刘天",class:"二
                    班",score:68},
                {name:"王猛",class:"二
```

```
                        班",score:90},
                       {name:"刘烨",class:"三
                        班",score:95},
                    ]
                },
                computed:{
                    dealName:function(){
                        return this.nameList.filter(function(nameLists){
                            //大于85分，为优秀学生
                            return nameLists.score>85;
                        })
                    }
                }
            })
        </script>
```

在谷歌浏览器中运行程序，结果如图 4-9 所示。

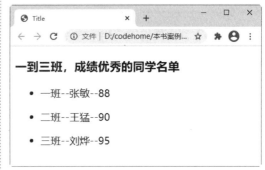

图 4-9 成绩优秀学生名单

从上面的案例可以发现，计算属性可以代替 v-for 和 v-if 组合的功能。在处理业务时推荐使用计算属性，这是因为即使 v-if 指令的使用只渲染了一部分元素，但在每次重新渲染的时候仍然要遍历整个列表，而不论渲染的元素内容是否发生了改变。

采用计算属性过滤后再遍历，可以获得一些好处：过滤后的列表只会在 nameList 数组发生相关变化时才被重新计算，过滤更高效；使用 v-for="student in dealName" 之后，在渲染的时候只遍历已完成的计划，渲染更高效。

4.5 新手疑难问题解答

▍疑问 1：v-for 和 v-if 可以用在同一个元素上吗？

尽量不要把 v-for 和 v-if 用在同一个元素上，这是因为即使 v-if 指令的使用只渲染了部分元素，但是每次渲染的时候仍然要遍历整个列表，而不论渲染的元素内容是否发生了变化，从而增大了开销。

▍疑问 2：采用计算属性过滤后再遍历列表有什么好处？

采用计算属性过滤后再遍历列表有以下好处。
（1）过滤后的列表只会在数组发生变化时才被重新计算，过滤更高效。
（2）使用 v-for 渲染的时候只遍历已完成的计划，渲染更高效。
（3）解耦渲染层的逻辑，可维护性更强。

第5章 精通监听器和过滤器

监听器是一个对象，以 key-value 的形式表示。key 是需要监听的表达式，value 是对应的回调函数。value 也可以是方法名，或者包含选项的对象。Vue 实例将会在实例化时调用 $watch() 遍历 watch 对象的每一个 property。同时，当插值数据变化时，可以通过采用监听器的方式来执行异步或开销较大的操作。

过滤器是格式化变量内容的输出，例如日期格式化、字母大小写、数字再计算等等。与 methods、computed 和 watch 不同的是，过滤器不能改变原始值。从 Vue 2.0.0 版本开始，内置的过滤器被删除了，如果要使用过滤器，需要自己编写。本章将重点学习监听器和过滤器的使用方法。

5.1 使用监听器

监听器在 Vue 实例的 watch 选项中定义。它包括两个参数，第一个参数是监听数据的新值，第二个是旧值。

下面的案例中监听了 data 选项中的 message 属性，并在控制台中打印新值和旧值。

【例 5.1】使用监听器（源代码 \ch05\5.1.html）

```
<div id="app">
    被监听的输入框: <inputtype="text"
    v-model="message">
</div>
<script>
    new Vue({
        el:'#app',
        data:{
            message:0
        },
        watch:{
            message:function (newValue,
             oldValue){
                console.log("新值: "
+newValue+"----旧值"+oldValue)
            }
        }
```

```
    })
</script>
```

在谷歌浏览器中运行程序，在输入框中输入"12345"，控制台中将打印每次变化的新值和旧值，结果如图 5-1 所示。

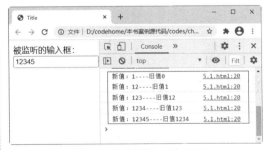

图 5-1 监听属性值的变化

> **大牛提醒**：不要用箭头函数来定义 watch 函数。例如：
>
> search:newValue=>this.update(newValue)

> 因为箭头函数绑定了父级作用域的上下文，所以 this 将不会按照期望指向 Vue 实例，this.update 将是 undefined。

5.2 监听方法

在使用监听器的时候，除了可以直接写一个监听处理函数外，还可以接收一个添加字符串形式的方法名，方法在 methods 选项中定义。

【例 5.2】使用监听器方法（源代码 \ch05\5.2.html）

在案例中监听 count 和 price 属性，后面直接加上字符串形式的方法名 method1 和 method，最后在页面中使用 v-model 指令绑定 count 和 price 属性。

```
<div id="app">
    <p>商品计算器</p>
    <p>苹果单价为8元/kg</p>
    <p>商品重量(kg)：<input type="text" v-model="count"></p>
    <p>商品总价(元)：<input type="text" v-model="price"></p>
</div>
<script>
    new Vue({
        el:"#app",
        data:{
            count:0,
            price:0
        },
        methods:{
            method1:function(val,oldVal){
                this.price=val*8;
            },
            method2:function(val,oldVal){
                this.count=val/8;
            }
        },
        watch:{
            //监听count属性，count变
            //化时，使price属性等于count*8
            count:"method1",
            //监听price属性，price变
            //化时，使val属性等于price/8
            price:"method2"
        }
    })
</script>
```

在谷歌浏览器中运行程序，在第一个输入框中输入 8，可以发现第二个输入框的值相应地变为 64，如图 5-2 所示。同样，在第二个输入框中输入内容，第一个输入框的值也会相应地改变。

图 5-2 监听方法

5.3 监听对象

当监听器监听一个对象时，使用 handler 定义当数据变化时调用的监听器函数，还可以设置 deep 和 immediate 属性。

deep 属性在监听对象属性变化时使用，该选项的值为 true，表示无论该对象的属性在对象中的层级有多深，只要该属性的值发生变化，都会被监测到。

监听器函数在初始渲染时并不会被调用，只有在后续监听的属性发生变化时才会被调用；如果要监听器函数在监听开始后立即执行，可以使用 immediate 选项，将其值设置为 true。

下面就来监听一个 student 对象，改变分数时显示是否及格。

【例5.3】监听对象（源代码 \ch05\5.3.html）

```
<div id="app">
    分数：<input type="text" v-model="student.score">
    <p>{{pass}}</p>
</div>
<script>
    new Vue({
        el:'#app',
        data:{
            pass:'',
            student:{
                name:'李晓晓',
                score:0
            }
        },
        watch:{
            student:{
                //该回调函数在student//对象的属性改变时被调用
                handler:function(newValue,oldValue){
                    if(newValue.score>=60){
                        this.pass="考试及格了";
                    }
                    else{
                        this.pass="考试不及格";
                    }
                },
                //设置为true，无论属性被嵌套多深，改变时都会调用handler函数
                deep:true
            }
        }
    })
</script>
```

在谷歌浏览器中运行程序，在输入框中输入59，下面会显示"考试不及格"，如图5-3所示；将输入框中的值更改为60，下面将显示"考试及格了"，如图5-4所示。

图5-3 输入59的效果

图5-4 输入60的效果

从上面的案例可以发现，页面初始化时监听器不会被调用，只有在监听的属性发生变化时才会被调用；如果要让监听器函数在页面初始化时执行，可以使用immediate选项，将其值设置为true。代码如下：

```
watch:{
    student:{
        //该回调函数在student对象的属性改变时被调用
        handler:function(newValue,oldValue){
            if(newValue.score>=60){
                this.pass="考试及格了";
            }
            else{
                this.pass="考试不及格";
            }
        },
        //设置为true，无论属性被嵌套多深，改变时都会调用handler函数
        deep:true,
        //页面初始化时执行handler函数
        immediate:true
    }
}
```

此时在谷歌浏览器中运行程序，可以发现，虽然没有改变属性值，但调用了回调函数，显示了"考试不及格"，如图 5-5 所示。

图 5-5　immediate 选项的作用

在上面的案例中，使用 deep 属性深入监听，监听器会一层层地往下遍历，给对象的所有属性都加上这个监听器，修改对象里面的任何一个属性都会触发监听器里的 handler 函数。

在实际开发过程中，用户很可能只需要监听对象中的某几个属性，设置 deep:true 之后就会增大程序性能的开销。这里可以直接监听想要监听的属性，例如更改上面的案例，只监听 score 属性。

【例 5.4】监听对象的单个属性（源代码 \ch05\5.4.html）

```
<script>
    new Vue({
        el:'#app',
        data:{
            pass:'',
            student:{
                name:'张敏敏',
                score:0
            }
        },
        watch:{
            //监听student对象中的score属性
            "student.score":{
                handler:function(newValue,oldValue){
                    if(newValue>=60){
                        this.pass="考试及格了";
                    }
                    else{
                        this.pass="考试不及格";
                    }
                },
                immediate:true
            }
        })
</script>
```

在谷歌浏览器中运行程序，结果如图 5-6 所示；在输入框中输入 80，下面将显示"考试及格了"，如图 5-7 所示。

图 5-6　页面加载效果

图 5-7　输入 80 的效果

> **大牛提醒**：监听对象的属性时，因为使用了点号（.），所以要使用单引号（''）或双引号（""）将其包裹起来，例如 "student.score"。

5.4 全局过滤器与局部过滤器

Vue.js 允许自定义过滤器，可用于一些常见的文本格式化。与自定义指令类似，过滤器也分全局过滤器和局部过滤器。

在 Vue 实例的选项中定义的过滤器，是局部过滤器，只能在创建过滤器的实例模板中使用。例如，在实例的选项中定义一个过滤器 capitalize：

```
var app=new Vue({
        el:"#app",
        filters:{
            capitalize:function (value){
                if (!value) return' ';
                value = value.toString();
                return value.charAt(0).toUpperCase() + value.slice(1);
            }
        }
    })
```

在 Vue 实例之外创建的过滤器，是全局过滤器，例如下面的代码：

```
Vue.filter('capitalize', function (value){
  if (!value) return''
  value = value.toString()
  return value.charAt(0).toUpperCase() + value.slice(1)
})
new Vue({
  // ...
})
```

全局组件有两个参数，第一个参数是过滤器的名字，第二个参数是一个函数，过滤器要实现的功能在这个函数中定义。

> **大牛提醒**：当全局过滤器和局部过滤器重名时，会采用局部过滤器。

过滤器可以用在两个地方：双花括号插值和 v-bind 表达式（从 2.1.0+ 版本开始支持）。过滤器应该被添加在 JavaScript 表达式的尾部，由"管道"符号（|）指示：

```
<!-- 在双花括号中使用 -->
{{ message | capitalize }}
<!-- 在 v-bind 中使用 -->
<div v-bind:id="rawId | capitalize "></div>
```

下面看一个案例，在 v-bind 指令中使用过滤器。

【例5.5】在 v-bind 指令中使用过滤器（源代码 \ch05\5.5.html）

```
<style>
        #box{
            width:300px;
            height:150px;
            background:#FFE7BA;
            color:#fff;
        }
    </style>
<div id="app">
    <div v-bind:id="rawId|capitalize">人生若只如初见，何事秋风悲画扇。</div>
</div>
<script>
    Vue.filter("capitalize",function (value){
```

```
            if(!value){
                return"box";
            }
            if(value!="box"){
                return"box";
            }
        });
        var app=new Vue({
            el:"#app",
            data:{
                rawId:""
            }
        })
    </script>
```

在上面的代码中，使用过滤器格式化元素的 id 属性值，使用 v-bind 指令把 id 属性值绑定到元素的 id 属性上，然后根据 id 属性来定义元素的 CSS 样式。在谷歌浏览器中运行程序，效果如图 5-8 所示。

图 5-8　在 v-bind 指令中使用过滤器

5.5　过滤器的参数

过滤器函数总是接收表达式的值作为第一个参数，例如 {{ message | capitalize }}，message 的值将作为 capitalize 过滤函数的第一个参数。过滤器本质上就是一个函数，自然可以接收多个参数。

【例 5.6】编写一个计算总和的过滤器（源代码 \ch05\5.6.html）

```
<div id="app">
    <p>{{number|sum(a,b)}}</p>
</div>
<script>
    Vue.filter("sum",function(value,number1,number2,){
        if(!value){
            return"";
        }
        return value*number1+number2;
    });
    var app=new Vue({
        el:"#app",
        data:{
            number:8,
            a:100,
            b:80,
        }
    })
</script>
```

其中，number 的值作为 sum 过滤器的第一个参数，a 的值作为过滤器的第二个参数，b 的值作为过滤器的第三个参数。在谷歌浏览器中运行程序，效果如图 5-9 所示。

图 5-9　计算总和的过滤器

5.6　过滤器的串联

在使用过滤器的时候，还可以将多个过滤器通过管道符号串联起来使用。

例如有两个过滤器：一个是将数组变成字符串，另一个是把字母大写。如果同时需要这两个过滤器时，就可以将两个过滤器通过管道符号串联在一起使用。

【例 5.7】过滤器的串联（源代码 \ch05\5.7.html）

```
<div id="app">
    <p>{{arr|toString|toUpperCase}}</p>
</div>
<script>
    // 数组转变成字符串
    Vue.filter("toString",function(value){
        return value.toString();
    });
    //字母大写
    Vue.filter("toUpperCase",function(value){
        return value.toUpperCase();
    });
    var app=new Vue({
        el:"#app",
        data:{
            arr:["a","b","c","d","e","f","g","h","i","j","k","l"]
        }
    })
</script>
```

toString 过滤器接收 arr 表达式的值作为第一个参数，其计算结果作为第二个过滤器 toUpperCase 的参数。在谷歌浏览器中运行程序，效果如图 5-10 所示。

图 5-10　过滤器的串联

5.7　综合实训——使用过滤器格式化时间

在下面的案例中，使用过滤器格式化时间。

【例 5.8】格式化时间（源代码 \ch05\5.8.html）

```
<div id="app">
    <h1>当前时间：{{date|formateTime}}</h1>
</div>
<script>
//格式化后的时间格式:年-月-日 时：分：秒
    var parseDate = function(datetime){
        return datetime<10?'0'+datetime:datetime;
    }
    var app = new Vue({
        el:'#app',
        data:{
            date:new Date()
        },
        filters:{
            formateTime:function (val){
                var date = new Date(val);
                var year = date.getFullYear();
                var month = parseDate(date.getMonth()+1);
                var day = parseDate(date.getDate());
                var hours = parseDate(date.getHours());
                var min = parseDate(date.getMinutes());
                var sec = parseDate(date.getSeconds());
                return year+'-'+month+'-'+day+' '+hours +":"+min+":"+sec;
            }
        },
        created:function(){
            var that = this; //作用域一致
            this.timer = setInterval(function (){
                that.date = new Date();
            },1000);
        },
        beforeDestroy:function(){
            if (this.timer){
                clearInterval(this.timer);
            }
        }
    })
</script>
```

在谷歌浏览器中运行程序，效果如图 5-11 所示。

图 5-11　格式化时间

5.8 新手疑难问题解答

疑问 1：什么时候需要使用监听器？

当需要在数据变化时执行异步或开销较大的操作时，使用监听器比较合适。例如，在一个学习资料搜索系统中，用户输入的问题需要从服务器的数据库中获取相应的资料，就可以对问题属性精选监听，在异步请求学习资料的过程中，可以设置中间专题，向用户提示"请稍后，正在搜索中"。

疑问 2：使用 WebWorker 时谷歌浏览器报错怎么办？

由于谷歌浏览器的安全限制比较严格，当使用 WebWorker 时，如果直接在文件系统中打开文件，会提示错误信息，解决办法是将代码文件部署到一个本地的 Web 服务器中，再次访问该文件时即可正常运行。

第6章 事件处理

在第 3 章中简单讲述过 v-on 的基本用法。本章节将继续深入学习 Vue 实现绑定事件的方法，使用 v-on 指令监听 DOM 事件来触发一些 JavaScript 代码。通过本章的学习，读者可以更加深入地掌握 Vue 中事件处理的技巧。

6.1 监听事件

事件其实就是在程序运行当中，可以调用方法，去改变对应的内容。下面先来看一个简单的案例。

```
<div id="app">
    <p>洗衣机的价格是:{{ price }}元</p>
</div>
<script>
    var app=new Vue({
        el:'#app',
        data:{
            price:"8600"
        }
    })
</script>
```

程序运行的结果为"洗衣机的价格是：8600 元"。

在上面的案例中，如果想要改变洗衣机的价格，就可以通过事件来完成。

在 JavaScript 中可以使用的事件，在 Vue.js 中也都可以使用。使用事件时，需要 v-on 指令监听 DOM 事件。

在上面案例中添加两个按钮，当单击按钮时就会增加或减少洗衣机的价格。

【例 6.1】添加单击事件（源代码 \ch06\6.1.html）

```
<div id="app">
    <button v-on:click="price--">减少1元</button>
    <button v-on:click="price++">增加1元</button>
    <p>洗衣机的价格是:{{ price }}元</p>
</div>
<script>
    var app=new Vue({
        el:'#app',
        data:{
            price:"8600"
```

```
        }
    })
</script>
```

在谷歌浏览器中运行程序，多次单击"减少 1 元"按钮，洗衣机的价格会不断降低，结果如图 6-1 所示。

图 6-1　单击事件

6.2 事件处理方法

在上一节的案例中，是直接操作属性，但在实际的项目开发中，是不可能直接对属性进行操作的。

许多事件处理逻辑会更为复杂，所以直接把 JavaScript 代码写在 v-on 指令中是不可行的。在 Vue 中，v-on 还可以接收一个需要调用的方法名称，可以在方法中来完成复杂的逻辑。

下面在方法中来实现单击按钮增加或减少 100 元的操作。

【例 6.2】 事件处理方法（源代码 \ch06\6.2.html）

```html
<div id="app">
    <button v-on:click="reduce">减少100元</button>
     <button v-on:click="add">增加100元</button>
    <p>洗衣机的价格是:{{ price }}元</p>
</div>
</script>
    var app=new Vue({
        el:'#app',
        data:{
            price:8600
        },
        methods:{
            add:function(){
                this.price+=100
            },
            reduce:function(){
                this.price-=100
            }
        }
    })
</script>
```

在谷歌浏览器中运行程序，单击"增加100元"按钮，洗衣机的价格就增加100元，结果如图6-2所示。

图 6-2　事件处理方法

> **大牛提醒**："v-on:"可以使用"@"代替，例如下面代码：
>
> ```html
> <button @click="reduce">减少100元</button>
> <button @click="add">增加100元</button>
> ```

"v-on:"和"@"作用是一样的，根据自己的习惯进行选择。

这样就把逻辑代码写到了方法中。相对于上面案例，还可以通过传入参数来实现，在调用方法时，传入想要增加或减少的数量，在 Vue 中定义一个 change 参数来接收。

【例 6.3】 传入事件处理方法的参数（源代码 \ch06\6.3.html）

```html
<div id="app">
     <button v-on:click="reduce(10)">减少10元</button>
     <button v-on:click="add(10)">增加10元</button>
     <p>洗衣机的价格是:{{ price }}元</p>
</div>
<script>
    var app=new Vue({
        el:'#app',
        data:{
            price:8600
        },
        methods:{
            //在方法中定义一个参数
//change，接受HTML中传入的参数
            add:function(change){
                this.price +=change
            },
            reduce:function(change){
                this.price -=change
            }
        }
    })
</script>
```

在谷歌浏览器中运行程序，单击"增加 10 元"按钮，洗衣机的价格就增加 10 元，结果如图 6-3 所示。

图 6-3　传入事件处理方法的参数

对于定义的方法，多个事件都可以调用。例如，在上面的案例中，再添加 2 个按钮，分别添加双击事件，并调用 add() 和 reduce() 方法。

【例 6.4】多个事件调用一个方法（源代码 \ch06\6.4.html）

```
<div id="app">
    <div>单击:
        <button v-on:click="reduce(100)">减
少100元</button>
        <button v-on:click="add(100)">
        增加100元</button>
    </div>
    <p>洗衣机的价格是:{{ price }}元</p>
    <div>双击:
        <button v-on:dblclick="reduce(100)">
        减少100元</button>
        <button v-on:dblclick="add(100)">
        增加100元</button>
    </div>
</div>
<script>
    var app=new Vue({
        el:'#app',
        data:{
            price:8600
        },
        methods:{
            add:function(change){
                this.price+=change
            },
            reduce:function(change){
                this.price-=change
            }
        }
    })
</script>
```

在谷歌浏览器中运行程序，单击或者双击相应的按钮，洗衣机的价格会随着改变，效果如图 6-4 所示。

图 6-4　多个事件调用一个方法

> **大牛提醒**：在 Vue 事件中，可以使用事件名称 add 或 reduce 进行调用，也可以使用事件名加上"()"的形式，例如 add()、reduce()。但是在应用参数时需要使用 add()、reduce() 的形式。在 {{}} 中调用方法时，必须使用 add()、reduce() 形式。

6.3　事件修饰符

可以为事件添加一些通用的限制，例如添加阻止事件冒泡，Vue 对这种事件的限制提供了特定的写法，称为修饰符，语法如下：

```
v-on:事件.修饰符
```

在事件处理程序中调用 event.preventDefault()（阻止默认行为）或 event.stopPropagation()（阻止事件冒泡）是非常常见的需求。尽管可以在方法中轻松实现这一点，但更好的方式是使用纯粹的数据逻辑，而不是去处理 DOM 事件细节。

在 Vue 中，事件修饰符处理了许多 DOM 事件的细节，让我们不再需要花大量的时间去处理这些烦恼的事情，而能有更多的精力专注于程序的逻辑处理。Vue 中的事件修饰符主要有以下几个。

（1）.stop：等同于 JavaScript 中的 event.stopPropagation()，阻止事件冒泡。
（2）.prevent：等同于 JavaScript 中的 event.preventDefault()，阻止默认事件的发生。
（3）.capture：与事件冒泡的方向相反，事件捕获由外到内。
（4）.self：只会触发自己范围内的事件。
（5）.once：只会触发一次。
（6）.passive：执行默认行为。

下面介绍每个修饰符的用法。

6.3.1 stop

stop 修饰符用来阻止事件冒泡。在下面的案例中，创建了一个 div 元素，在其内部也创建一个 div 元素，并分别为它们添加单击事件。根据事件的冒泡机制可以得知，当单击内部的 div 元素之后，会扩散到父元素 div，从而触发父元素的单击事件。

【例 6.5】冒泡事件（源代码 \ch06\6.5.html）

```html
<style>
    .outside{
        width:200px;
        height:100px;
        border:1px solid red;
        text-align:center;
    }
    .inside{
        width:100px;
        height:50px;
        border:1px solid black;
        margin:15% 25%;
    }
</style>
<div id="app">
    <div class="outside" @click="outside">
        <div class="inside" @click ="inside">冒泡事件</div>
    </div>
</div>
<script>
    var app=new Vue({
        el:'#app',
        methods:{
            outside:function (){
                alert("外面的div")
            },
            inside:function (){
                alert("内部的div")
            }
        }
    })
```

```
</script>
```

在谷歌浏览器中运行程序，单击内部 inside 元素，触发自身事件，效果如图 6-5 所示；根据事件的冒泡机制，也会触发外部的 outside 元素，效果如图 6-6 所示。

图 6-5　触发内部元素事件

图 6-6　触发外部元素事件

如果不希望出现事件冒泡，则可以使用 Vue 内置的修饰符 stop 便捷地阻止事件冒泡的产生。因为是单击内部 div 元素后产生的事件冒泡，所以只需要在内部 div 元素的单击事件上加上 stop 修饰符即可。

【例 6.6】使用 stop 修饰符阻止事件冒泡（源代码 \ch06\6.6.html）

更改上面 HTML 对应的代码：

```
<div id="app">
    <div class="outside" @click="outside">
     <div class="inside" @click.stop="inside">阻止事件冒泡</div>
    </div>
</div>
```

在谷歌浏览器中运行程序，单击内部的 inside 之后，将不再触发父元素单击事件，如图 6-7 所示。

图 6-7　只触发内部元素事件

6.3.2　capture

事件捕获模式与事件冒泡模式是一对相反的事件处理流程，当想要将页面元素的事件流改为事件捕获模式时，只需要在父级元素的事件上使用 capture 修饰符即可。若有多个该修饰符，则由外而内触发。

在下面的案例中，创建了 3 个 div 元素，把它们分别嵌套，并添加单击事件。为外层的 2 个 div 元素添加 capture 修饰符。当单击内部的 div 元素时，将从外部向内触发含有 capture 修饰符的 div 元素的事件。

【例6.7】capture修饰符（源代码\ch06\6.7.html）

```
<style>
    .outside{
        width:300px;
        height:180px;
        color:white;
        font-size:30px;
        background:red;
        margin-top:120px;
    }
    .center{
        width:200px;
        height:120px;
        background:#17a2b8;
    }
    .inside{
        width:100px;
        height:60px;
        background:#a9b4ba;
    }
</style>
<div id="app">
    <div class="outside" @click.capture="outside">
        <div class="center" @click.capture="center">
            <div class="inside" @click="inside">内部</div>
            中间
        </div>
        外层
    </div>
</div>
<script>
    new Vue({
        el:'#app',
        methods:{
            outside:function(){
                alert("外面的div")
            },
            center:function(){
                alert("中间的div")
            },
            inside:function (){
                alert("内部的div")
            }
        }
    })
</script>
```

在谷歌浏览器中运行程序，单击内部的div元素，会先触发添加了capture修饰符的外层div元素，如图6-8所示；然后触发中间div元素，如图6-9所示；最后触发单击的内部元素，如图6-10所示。

图6-8 触发外层div元素事件

图6-9 触发中间div元素事件

图6-10 触发内部div元素事件

6.3.3 self

self修饰符可以理解为跳过冒泡事件和捕获事件，只有直接作用在该元素上的事件才可以执行。.self修饰符会监视事件是否是直接作用在元素上，若不是，则冒泡跳过该元素。

【例6.8】self修饰符（源代码\ch06\6.8.html）

```
<style>
    .outside{
        width:300px;
        height:180px;
        color:white;
        font-size:30px;
        background:red;
        margin-top:100px;
    }
```

```
.center{
    width:200px;
    height:120px;
    background:#17a2b8;
}
.inside{
    width:100px;
    height:60px;
    background:#a9b4ba;
}
</style>
<div id="app">
    <div class="outside" @click="outside">
     <div class="center" @click.self="center">
      <div class="inside"@click="inside">内部</div>
          中间
     </div>
      外层
    </div>
</div>
<script>
    new Vue({
        el:'#app',
        methods:{
            outside:function (){
                alert("外面的div")
            },
            center:function (){
                alert("中间的div")
            },
            inside:function (){
                alert("内部的div")
            }
        }
    })
</script>
```

在谷歌浏览器中运行程序，单击内部的 div 后，触发该元素的单击事件，效果如图 6-11 所示；由于中间 div 添加了 self 修饰符，直接单击该元素，所以会跳过；内部 div 执行完毕，外层的 div 紧接着执行，效果如图 6-12 所示。

图 6-11 触发内部 div 元素事件

图 6-12 触发外层 div 元素事件

6.3.4 once

有时候，会需要只执行一次的操作。例如，微信朋友圈点赞，这时便可以使用 once 修饰符来完成。

> **大牛提醒**：不像其他只能对原生的 DOM 事件起作用的修饰符，once 修饰符还能被用到自定义的组件事件上。

【例 6.9】once 修饰符（源代码 \ch06\6.9.html）

```
<div id="app">
    <button @click.once="add">点赞
    {{ count }}</button>
</div>
<script>
    new Vue({
        el:'#app',
        data:{
            count:0
        },
        methods:{
            add:function(){
                this.count +=1
            },
        }
    })
</script>
```

在谷歌浏览器中运行程序，单击"点赞 0"按钮，count 值从 0 变成 1，之后，不管再单击多少次，count 的值仍然是 1，效果如图 6-13 所示。

图 6-13　once 修饰符的应用效果

6.3.5　prevent

prevent 修饰符用于阻止默认行为。例如 <a> 标签，当单击标签时，默认行为会跳转到对应的链接，如果添加上 prevent 修饰符将不会跳转到对应的链接。

passive 修饰符尤其能够提升移动端的性能。

> **大牛提醒**：不要把 passive 和 prevent 修饰符一起使用，因为 prevent 将会被忽略，同时浏览器可能会发出一个警告。passive 修饰符会告诉浏览器不想阻止事件的默认行为。

【例 6.10】prevent 修饰符（源代码\ch06\6.10.html）

```
<div id="app">
    <div style="margin-top:100px">
        <a @click.prevent="alert()" href="https://cn.vuejs.org">阻止跳转</a>
    </div>
</div>
<script>
    new Vue({
        el:'#app',
        methods:{
            alert:function(){
                alert("阻止<a>标签的链接")
            }
        }
    })
</script>
```

在谷歌浏览器中运行程序，单击"阻止跳转"链接，触发 alert() 事件弹出"阻止 <a> 标签的链接"，效果如图 6-14 所示；然后单击"确定"按钮，可发现页面将不进行跳转。

图 6-14　prevent 修饰符应用效果

6.3.6　passive

明明默认执行的行为，为什么还要使用 passive 修饰符呢？原因是浏览器只有等内核线程执行到事件监听器对应的 JavaScript 代码时，才能知道内部是否会调用 preventDefault 函数，来阻止事件的默认行为，所以浏览器本身是没有办法对这种场景进行优化的。这种场景下，用户的手势事件无法快速产生，会导致页面无法快速执行滑动逻辑，从而让用户感觉到页面卡顿。

通俗说就是每次事件产生，浏览器都会去查询是否有 preventDefault 阻止该次事件的默认动作。加上 passive 修饰符就是为了告诉浏览器，不用查询了，没用 preventDefault 阻止默认行为。

passive 修饰符一般用在滚动监听、@scoll 和 @touchmove 中。因为滚动监听过程中，移动每个像素都会产生一次事件，每次都使用内核线程查询 prevent 会使滑动卡顿。通过 passive 修饰符将内核线程查询跳过，可以大大提升滑动的流畅度。

> **注意**：使用修饰符时，顺序很重要。相应的代码会以同样的顺序产生。因此，用 v-on:click.prevent.self 会阻止所有的单击，而 v-on:click.self.prevent 只会阻止对元素自身的单击。

6.4 按键修饰符

在 Vue 中可以使用以下 3 种键盘事件。

（1）keydown：键盘按键按下时触发。

（2）keyup：键盘按键抬起时触发。

（3）keypress：键盘按键按下抬起间隔期间触发。

在日常的页面交互中，经常会遇到这种需求。例如，用户输入账号密码后按 Enter 键，以及一个多选筛选条件，通过选中复选框后自动加载符合选中条件的数据。在传统的前端开发中，当碰到这种类似的需求时，往往需要知道 JavaScript 中需要监听的按键所对应的 keyCode，然后通过判断 keyCode 得知用户按下了哪个按键，继而执行后续的操作。

> **大牛提醒**：keyCode 返回 keypress 事件触发的键值的字符代码或 keydown、keyup 事件的键值的字符代码。

下面来看一个案例，当触发键盘事件时，调用一个方法。在案例中，为两个 input 输入框绑定 keyup 事件，用键盘在输入框中输入内容时触发，每次输入内容都会触发并调用 name 或 password 方法。

【例 6.11】触发键盘事件（源代码 \ch06\6.11.html）

```
<div id="app">
    <label for="name">姓名： </label>
        <input v-on:keyup="name"
          type="text" id="name">
    <label for="pass">密码： </label>
        <input v-on:keyup="password"
          type="password" id="pass">
</div>
<script>
    new Vue({
        el:'#app',
        methods:{
            name:function(){
                console.log("正在输入姓名...")
            },
            password:function(){
                console.log("正在输入密码...")
            }
        }
    })
</script>
```

在谷歌浏览器中运行程序，打开控制台，然后在输入框中输入姓名和密码。可以发现，每次输入时，都会调用对应的方法打印内容，如图 6-15 所示。

图 6-15 每次输入内容都会触发

在 Vue 中，提供了一种便利的方式去实现监听按键事件。在监听键盘事件时，经常需要查找常见的按键所对应的 keyCode，而 Vue 为最常用的按键提供了按键码的别名：

```
.enter
.tab
.delete (捕获"删除"和"退格"键)
.esc
.space
.up
.down
.left
.right
```

对于上面的案例，每次输入都会触发 keyup 事件，有时候不需要每次输入都触发，例如发 QQ 消息，希望所有的内容都输入完成后再发送。这时可以为 keyup 事件添加 Enter 按键码，当键盘上的 Enter 键抬起时才会触发 keyup 事件。

例如，更改上面的案例，在 keyup 事件后添加 Enter 按键码。

【例 6.12】添加 Enter 按键码（源代码\ch06\6.12.html）

```html
<div id="app">
    <label for="name">姓名：</label>
     <input v-on:keyup.enter="name"
       type="text" id="name">
</div>
<script>
    new Vue({
        el:'#app',
        methods:{
            name:function(){
                console.log("正在输入姓名...")
            }
        }
    })
</script>
```

在谷歌浏览器中运行程序，在 input 输入框中输入姓名"zhangsan"，然后按下 Enter 键，弹起后触发 keyup 方法，打印"正在输入姓名..."，效果如图 6-16 所示。

图 6-16　按下 Enter 键并弹起时触发

6.5　系统修饰键

可以用如下修饰符来实现仅在按下相应按键时才触发鼠标或键盘事件的监听器。

```
.ctrl
.alt
.shift
.meta
```

> **大牛提醒**：系统修饰键与常规按键不同，在和 keyup 事件一起使用时，事件触发时修饰键必须处于按下状态。换句话说，只有在按住 Ctrl 键的情况下释放其他按键，才能触发 keyup.ctrl。而单单释放 Ctrl 键也不会触发事件。

【例 6.13】系统修饰键（源代码 \ch06\6.13.html）

```
<div id="app">
    <label for="name">姓名: </label>
    <!--添加shift按键码-->
    <input v-on:keyup.shift.enter="name" type="text" id="name">
</div>
<script>
    new Vue({
        el:'#app',
        methods:{
            name:function(){
                console.log("正在输入姓名...")
            }
        }
    })
</script>
```

在谷歌浏览器中运行程序，在 input 中输入内容后，按下 Enter 键是无法激活 keyup 事件的，首先需要按住 Shift 键，再按 Enter 键才可以触发，效果如图 6-17 所示。

图 6-17　系统修饰键

6.6　综合实训——动态获取鼠标的坐标

当鼠标在元素内部移动时，可以使用 mousemove 事件获取鼠标在元素上的位置。

在案例中首先定义一个元素，并设置简单样式，然后绑定 mousemove 事件。在 Vue 中定义 methods 方法，通过 event 事件对象获取鼠标的位置，并赋值给 x 和 y，最后在页面中渲染 x 和 y。完整的代码如下：

```
<!DOCTYPE html>
<html>
<head>
    <meta charset="UTF-8">
    <title>Title</title>
    <script src="vue.js"></script>
    <style>
        #canvas{
            width:500px;
            height:500px;
            text-align:center;
            line-height:500px;
            border:1px solid #E5E5E5;
            margin:0 auto;
            margin-top:100px;
        }
    </style>
</head>
<body>
<div id="app">
    <div id='canvas' @mousemove='updateXY'>
        {{x}} {{y}}
    </div>
</div>
<script>
    new Vue({
        el:'#app',
        data:{
            x:0,
            y:0
        },
        methods:{
            updateXY:function(event){
                this.x=event.offsetX;
                this.y=event.offsetY
            }
        }
    })
</script>
</body>
</html>
```

在谷歌浏览器中运行程序，在 area 元素中移动鼠标，元素中间显示鼠标的相对位置，如图 6-18 所示。

图 6-18　mousemove 事件的应用效果

> **大牛提醒**：event 对象代表事件的状态，例如事件在其中发生的元素、键盘按键的状态、鼠标的位置、鼠标按钮的状态等。当一个事件发生的时候，和当前这个对象发生的事件有关的一些详细信息都会被临时保存到一个指定的地方——event 对象，供我们在需要的时候调用。这个对象是在执行事件时，浏览器通过函数传递过来的。

6.7 新手疑难问题解答

疑问1：为什么在 HTML 中监听事件？

这种事件监听的方式虽然违背了关注点分离（separation of concern）传统的理念，但不必担心，因为所有的 Vue.js 事件处理方法和表达式都严格绑定在当前视图的 ViewModel 上，它不会导致任何维护上的困难。实际上，使用 v-on 有以下几个好处。

（1）通过 HTML 模板便能轻松定位在 JavaScript 代码里对应的方法。

（2）因为无须在 JavaScript 里手动绑定事件，ViewModel 代码可以是非常纯粹的逻辑，和 DOM 完全解耦，更易于测试。

（3）当一个 ViewModel 被销毁时，所有的事件处理器都会自动被删除。无须担心如何清理它们。

疑问2：.exact 修饰符的用法？

.exact 修饰符允许控制由精确的系统修饰符组合触发的事件。

```
<!--即使Alt键或Shift键被一同按下时也会触发-->
<button @click.ctrl="onClick">A</button>
<!--有且只有Ctrl键被按下的时候才触发-->
<button @click.ctrl.exact="onCtrlClick">A</button>
<!--没有任何系统修饰符被按下的时候才触发-->
<button @click.exact="onClick">A</button>
```

第7章 Class与Style绑定

在 Vue 中，操作元素的 class 列表和内联样式是数据绑定的一个常见需求。因为它们都是属性，所以可以用 v-bind 处理它们：只需要通过表达式计算出字符串结果即可。不过，字符串拼接麻烦且易出错。因此，在将 v-bind 用于 class 和 style 时，Vue.js 做了专门的增强。表达式结果的类型除了字符串之外，还可以是对象或数组。

7.1 绑定 HTML 样式 (Class)

在 Vue 中，动态的样式类在 v-on:class 中定义，静态的类名写在 class 样式中。

7.1.1 数组语法

Vue 中提供了使用数组绑定样式的方式，可以直接在数组中写上样式的类名。

> **大牛提醒**：如果不使用单引号包裹类名，其实代表的还是一个变量的名称，会出现错误信息。

【例 7.1】Class 数组语法（源代码 \ch07\7.1.html）

```
<style>
    .static{
        color:white;
    }
    .class1{
        background:#ff070e;
        font-size:20px;
        text-align:center;
        line-height:100px;
    }
    .class2{
        width:200px;
        height:100px;
    }
</style>
<div id="app">
    <div class="static" v-bind:class="['class1','class2']">{{date}}</div>
</div>
<script>
    new Vue({
        el:'#app',
        data:{
            date:"Class数组语法"
        }
    })
</script>
```

在谷歌浏览器中运行程序，打开控制台，可以看到渲染的样式，如图 7-1 所示。

图 7-1 数组语法渲染结果

如果想以变量的方式定义样式，就需要先定义好这个变量。案例中的样式与上例样式相同。

```
<div id="app">
    <div class="static" v-bind:class="[Class1,Class2]">{{date}}</div>
</div>
<script>
    new Vue({
        el:'#app',
        data:{
            date:'Class数组语法',
            Class1:'class1',
            Class2:'class2'
        }
    })
</script>
```

在数组语法中还可以使用对象语法，根据值的真假来判断是否使用样式。

```
<div id="app">
    <div class="static" v-bind:class="[{class1:boole}, 'class2']">{{date}}</div>
</div>
<script>
    new Vue({
        el:'#app',
        data:{
            date:'Class数组语法',
            boole:true
        }
    })
</script>
```

在谷歌浏览器中运行程序，渲染的结果和上面案例相同，如图7-1所示。

7.1.2 对象语法

在上面小节的最后，在数组中使用了对象的形式来设置样式，在 Vue 中也可以直接使用对象的形式来设置样式。对象的属性为样式的类名，值为 true 或者 false，当值为 true 时显示样式。由于对象的属性可以带引号，也可不带引号，所以属性就按照自己的习惯写法就可以了。

【例7.2】)Class对象语法(源代码 \ch07\7.2.html)

```
<style>
    .static{
        color:white;
    }
    .class1{
        background:#ff070e;
        font-size:20px;
        text-align:center;
        line-height:100px;
    }
    .class2{
        width:200px;
        height:100px;
    }
</style>
<div id="app">
    <div class="static" v-bind:class="{ class1:boole1, 'class2':boole2}">{{date}}</div>
</div>
<script>
    new Vue({
        el:'#app',
        data:{
            boole1:true,
            boole2:true,
            date:"Class对象语法"
        }
    })
</script>
```

在谷歌浏览器中运行程序，打开控制台，可以看到渲染的结果，如图7-2所示。

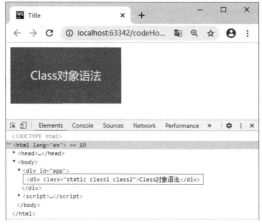

图7-2　Class对象语法应用

当boole1或boole2变化时，class列表将相应地更新。例如，如果将boole2的值变更为false，代码如下：

```
<script>
    new Vue({
        el:'#app',
        data:{
            boole1:true,
            boole2:false,
            date:"Class对象语法"
        }
    })
</script>
```

在谷歌浏览器中运行程序，打开控制台，可以看到渲染的结果，如图7-3所示。

图7-3　修改参数后的渲染结果

当对象中的属性过多时，如果还是全部写到元素上，势必会显得比较繁琐。这时可以在元素上只写上对象变量，在Vue实例中进行定义。

```
<style>
    .static{
        color:white;
    }
    .class1{
        background:#ff070e;
        font-size:20px;
        text-align:center;
        line-height:100px;
    }
    .class2{
        width:200px;
        height:100px;
    }
</style>
<div id="app">
    <div class="static" v-bind:class="objStyle">{{date}}</div>
</div>
<script>
    new Vue({
        el:'#app',
        data:{
            date:"Class对象语法",
            objStyle:{
                class1:true,
                class2:true
            }
        }
    })
</script>
```

在谷歌浏览器中运行程序，渲染的结果如图7-4所示。

图7-4　简化后的对象语法效果

也可以绑定一个返回对象的计算属性，这是一个常用且强大的模式。

```
<div id="app">
    <div class="static" v-bind:class="classObject">{{date}}</div>
</div>
<script>
    new Vue({
        el:'#app',
        data:{
            message:'Class对象语法',
            boole1:true,
            boole2:true
        },
        computed:{
            classObject:function(){
                return {
                    class1:this.boole1,
                    'class2':this.boole2
                }
            }
        }
    })
</script>
```

在谷歌浏览器中运行程序，渲染的结果和上面案例相同，如图7-4所示。

7.1.3 在组件上使用class属性

当在一个自定义组件上使用class属性时，这些类将被添加到该组件的根元素上。这个元素上已经存在的类不会被覆盖。

例如，声明组件my-component如下：

```
Vue.component('my-component', {
  template:'<p class="class1 class2">Hello</p>'
})
```

然后在使用它的时候添加一些class样式class3和class4：

```
<my-component class="class3 class4"></my-component>
```

HTML将被渲染为：

```
<p class="class1 class2 class3 class4">Hello</p>
```

对于带数据绑定的class也同样适用：

```
<my-component v-bind:class="{ class5:isActive }"></my-component>
```

当isActive为Truthy时，HTML将被渲染成为：

```
<p class="class1 class2 class5">Hello</p>
```

> **大牛提醒**：在JavaScript中，Truthy（真值）指的是在布尔值上下文中转换后的值为真的值。所有值都是真值，除非它们被定义为falsy（即除了false，0，""，null，undefined和NaN外）。

7.2 绑定内联样式（style）

内联样式是将 CSS 样式编写到元素的 style 属性中。

7.2.1 对象语法

与使用属性为元素设置 class 样式相同，在 Vue 中，也可以使用对象的方式为元素设置 style 样式。

v-bind:style 的对象语法十分直观——看着非常像 CSS，但其实是一个 JavaScript 对象。CSS 属性名可以用驼峰式（camelCase）或短横线分隔（kebab-case，记得用引号包裹起来）来命名。

> 【例 7.3】style 对象语法（源代码 \ch07\7.3.html）

```
<div id="app">
    <div v-bind:style="{color:
'blue',fontSize:'30',border:'1px solid
red'}">style对象语法</div>
</div>
<script>
    new Vue({
        el:'#app',
    })
</script>
```

图 7-5　style 对象语法

在谷歌浏览器中运行程序，打开控制台，渲染结果如图 7-5 所示。

也可以在 Vue 实例对象中定义属性，用来代替样式属性，例如下面代码：

```
<div id="app">
    <div v-bind:style="{color:styleColor,fontSize:fontSize+'px',border:styleBorder}">style对象语法</div>
</div>
<script>
    new Vue({
        el:'#app',
        data:{
            styleColor:blue',
            fontSize:30,
            styleBorder:'1px solid red',
        }
    })
</script>
```

在谷歌浏览器中运行程序，渲染效果和上例相同，如图 7-5 所示。

同样地，可以直接绑定一个样式对象变量，这样的话代码看起来也会更简洁美观。

```
<div id="app">
    <div v-bind:style="styleObject">style对象语法</div>
</div>
<script>
    new Vue({
```

```
        el:'#app',
        data:{
            styleObject:{
                color:'blue',
                fontSize:'30px',
                border:'1px solid red' ,
            }
        }
    })
</script>
```

在谷歌浏览器中运行程序，打开控制台，渲染结果和上面案例相同，如图 7-5 所示。同样地，对象语法常常结合返回对象的计算属性使用。

```
<div id="app">
    <div v-bind:style="styleObject">style对象语法</div>
</div>
<script>
    new Vue({
        el:'#app',
        //计算属性
        computed:{
            styleObject:function(){
                return {
                    color:'blue',
                    fontSize:'30px'
                }
            }
        }
    })
</script>
```

在谷歌浏览器中运行程序，渲染的结果如图 7-6 所示。

图 7-6　对象语法结合返回对象的计算属性使用结果

7.2.2　数组语法

v-bind:style 的数组语法可以将多个样式对象应用到同一个元素上，样式对象可以是 data 中定义的样式对象和计算属性中 return 的对象。

【例 7.4】style 数组语法（源代码 \ch07\7.4.html）

```
<div id="app">
    <div v-bind:style="[styleObject1,
styleObject2]">style数组语法</div>
</div>
<script>
    new Vue({
        el:'#app',
        data:{
            styleObject1:{
                color:'red',
                fontSize:'40px'
            }
        },
        //计算属性
        computed:{
            styleObject2:function(){
                return {
                    border:'1px solid
                    blue',
                    padding:'30px',
                    textAlign:'center'
                }
            }
        }
    })
</script>
```

在谷歌浏览器中运行程序，打开控制台，渲染结果如图 7-7 所示。

图 7-7 style 数组语法

大牛提醒：当 v-bind:style 使用需要添加浏览器引擎前缀的 CSS 属性时，例如 transform，Vue.js 会自动侦测并添加相应的前缀。

7.3 综合实训——实现简易计算器

本案例的界面采用网格布局，定义 6 行 4 列。使用 @click 绑定每一个按键，当触发时调用相应的方法，使用 v-bind 指令绑定显示屏的样式，在 Vue 实例中使用方法实现计算器的功能。本案例实现了加、减、乘和除的功能，还有当输入的内容宽度大于实际输入框宽度的时候，字体缩小以适应输入框要求。完整代码如下：

```
<!DOCTYPE html>
<html>
<head>
    <meta charset="UTF-8">
    <meta name="viewport" content="width=device-width, initial-scale=1.0">
    <title>简易计算器</title>
    <script src="vue.js"></script>
    <style>
        body {
            display:flex;
            justify-content:center;
            align-items:center;
            min-height:100vh;
            background-color:#fff;
        }
        .calculator {
            --button-width:80px;
            --button-height:80px;
```

```css
    /*采用网格布局*/
    display:grid;
    /*定义模板,6行4列布局*/
    grid-template-areas:
            "result result result result"
            "ac plus-minus percent divide"
            "number-7 number-8 number-9 multiply"
            "number-4 number-5 number-6 subtract"
            "number-1 number-2 number-3 add"
            "number-0 number-0 dot equal";
    grid-template-columns:repeat(4,var(--button-width));
    /*4列的宽度都是--button-width*/
    grid-template-rows:repeat(6,var(--button-height));
    /*6行的高度都是--button-height*/
    /*定义阴影*/
    box-shadow:-8px -8px 16px -10px rgba(200,200,200,1),
    8px 8px 16px -10px rgba(0,0,0,.15);
    padding:24px;
    border-radius:20px;
}
/*定义按钮样式*/
.calculator button {
    margin:8px;
    padding:0;
    border:0;
    display:block;
    outline:none;
    border-radius:calc(var(--button-height)/2);
    font-size:24px;
    font-family:Helvetica;
    font-weight:normal;
    color:#000;
     background:linear-gradient(135deg,rgba(200,200,200,1)0%, rgba(246,
      246,246,1)100%);
    box-shadow:-4px -4px 10px -8px rgba(240,240,255,1),
    4px 4px 10px -8px rgba(0,0,0,.3);
}
.calculator button:active {
    box-shadow:-4px -4px 10px -8px rgba(220,255,255,1) inset,
    4px 4px 10px -8px rgba(0,0,0,.3) inset;
    transition:.3s;
}
.result {
    width:310px;
    height:80px;
    text-align:right;
    line-height:var(--button-height);
    font-size:48px;
    font-family:Helvetica;
    color:#666666;
    background-color:rgb(224,224,224);
    border-radius:15px;
    padding:0 10px 0 0;
    margin-bottom:10px;
}
.changeResult{
    font-size:30px;
}
.changeResultSmall{
```

```html
                font-size:20px;
            }
        </style>
    </head>
    <body>
        <div id="app">
            <div class="calculator">
                <div class="result" v-bind:class="[isSmall ? 'changeResult':'',
isTooSmall ? 'changeResultSmall':'']">{{equation}}</div>
            <button style="grid-area :ac" @click="clear">AC</button>
        <button style="grid-area :plus-minus" @click="calculateToggle">±</button>
        <button style="grid-area :percent" @click="calculatePercentage">%</button>
            <button style="grid-area :add" @click="append('+')">+</button>
            <button style="grid-area :subtract" @click="append('-')">-</button>
            <button style="grid-area :multiply" @click="append('×')">×</button>
            <button style="grid-area :divide" @click="append('÷')">÷</button>
            <button style="grid-area :equal" @click="calculate">=</button>
            <button style="grid-area :number-1" @click="append(1)">1</button>
            <button style="grid-area :number-2" @click="append(2)">2</button>
            <button style="grid-area :number-3" @click="append(3)">3</button>
            <button style="grid-area :number-4" @click="append(4)">4</button>
            <button style="grid-area :number-5" @click="append(5)">5</button>
            <button style="grid-area :number-6" @click="append(6)">6</button>
            <button style="grid-area :number-7" @click="append(7)">7</button>
            <button style="grid-area :number-8" @click="append(8)">8</button>
            <button style="grid-area :number-9" @click="append(9)">9</button>
            <button style="grid-area :number-0" @click="append(0)">0</button>
            <button style="grid-area :dot" @click="append('.')">.</button>
        </div>
    </div>
    <script>
        new Vue({
            el:"#app",
            data:{
                equation:'0',
                isDecimalAdded:false,//判断是否输入小数点,用来防止输入超过一个的小数点
                isOperatorAdded:false,//判断是否单击加减乘除,防止单击超过一次运算符号
                isStarted:false,
                //判断计算器是否开始输入数字,也会用于正负数、百分比计算时做出一些判断
                isSmall:false,    //判断结果框的内容过长的时候字符缩小
                isTooSmall:false, //判断更小的时候
            },
            methods:{
                //判断character是否为加减乘除
                isOperator(character){
                    return ['+','-','×','÷'].indexOf(character) > -1;
                },
                //单击加减乘除、数字、小数点的时候
                append(character){
                    if (this.equation ==='0'&& !this.isOperator(character)){
                    //判断是否输入数字
                        if (character === '.'){ //判断是否输入小数点
                            this.equation +=''+ character; //如果输入的是0,则在后面拼接
                            this.isDecimalAdded = true;
                        } else {
                            this.equation = '' + character;
                    //如果不为0,直接替换原来数字
                        }
                        this.isStarted = true;
```

```js
            return;
        }
        if (!this.isOperator(character)){ //如果输入的是数字
            if (character === '.' && this.isDecimalAdded){
                //只能输入一个小数点，如果遇到小数点则返回
                return
            }
            if (character === '.'){//如果输入小数点
                if (this.isOperatorAdded){
                    //如果输入了运算符号，输入小数点会自动在前面加0
                    this.equation += '0';
                }
                this.isDecimalAdded = true;
                this.isOperatorAdded = true;
            } else {
                this.isOperatorAdded = false;
            }
            this.equation += '' + character;//拼接数字
            this.showResult();
        }
        if (this.isOperator(character) && !this.isOperatorAdded){
            //当输入运算符号的时候
            this.equation += '' + character;
            this.isDecimalAdded = false;
            this.isOperatorAdded = true;
            this.showResult();
        }
        this.showResult();
    },
    //单击等于符号的时候
    calculate(){
        let result = this.equation.replace(new RegExp('×', 'g'), '*').
         replace(new RegExp('÷', 'g'), '/');
        this.equation = parseFloat(eval(result).toFixed(9)).toString();
        this.isDecimalAdded = false;
        this.isOperatorAdded = false;
        this.showResult();
    },
    //单击正负号的时候
    calculateToggle(){
        if (this.isOperatorAdded || !this.isStarted){
            return;
        }
        this.equation = this.equation +'* -1';
        this.calculate();
    },
    //单击百分号的时候
    calculatePercentage(){
        if (this.isOperatorAdded || !this.isStarted){
            return;
        }
        this.equation = this.equation +'* 0.01';
        this.calculate();
    },
    //单击清除符号的时候
    clear(){
        this.equation = '0';
        this.isDecimalAdded = false;
        this.isOperatorAdded = false;
```

```
                this.isStarted = false;
                this.isSmall = false;
                this.isTooSmall = false;
            },
            //结果框的显示问题
            showResult(){
                //当输入内容的宽度大于实际输入框宽度的时候,字体缩小以适应输入框要求
                if(this.equation.length > 11){
                    this.isSmall = true;
                    if(this.equation.length >17){
                        this.isSmall = false;
                        this.isTooSmall = true;
                        if(this.equation.length > 27){
                            alert("已超出输入最大值,将强行执行内容清空操作");
                        this.clear();
                        }
                    }
                }
            }
        }
    })
</script>
</body>
</html>
```

在谷歌浏览器中运行程序,效果如图7-8所示。

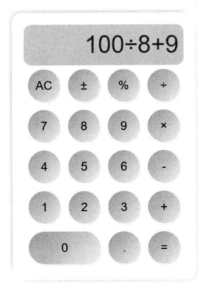

图7-8 计算器效果

7.4 新手疑难问题解答

▍疑问1:Vue.js如何处理浏览器不支持的样式属性?

CSS3中的一些样式属性并不被所有的浏览器所支持,例如transform属性,该属性可以对网页元素进行旋转、缩放、移动或倾斜。在应用这些属性时,针对不同的浏览器,需要添加该浏览器的内核引擎前缀。Vue.js会自动侦测并添加前缀,非常方便。

疑问 2：可以为 style 绑定中的属性提供多个值吗？

从 Vue.js 2.3.0 版本开始，用户可以为 style 绑定中的属性提供一个包含多个值的数组，这常用于提供多个带前缀的值。例如：

```
<div :style="{display:[ '-webkit-box', '-ms-flexbox', 'flex']}"></div>
```

上述代码只会渲染数组中最后一个被浏览器支持的值。

第8章 表单输入绑定

对于 Vue 来说，使用 v-bind 并不能解决表单域对象双向绑定的需求。所谓双向绑定，就是无论是通过 input 还是通过 Vue 对象，都能修改绑定的数据对象的值。Vue 提供了 v-model 进行双向绑定。本章将重点介绍表单域对象的双向绑定方法和技巧。

8.1 双向绑定

对于数据的绑定，不管是使用插值表达式（{{}}）还是 v-text 指令，数据间的交互都是单向的，只能将 Vue 实例里的值传递给页面，页面对数据值的任何操作却无法传递给 model。

MVVM 模式最重要的一个特性，可以说是数据的双向绑定，而 Vue 作为一个 MVVM 框架，肯定也实现了数据的双向绑定。在 Vue 中使用内置的 v-model 指令完成数据在 View 与 Model 间的双向绑定。

可以用 v-model 指令在表单 <input>、<textarea> 及 <select> 元素上创建双向数据绑定。它会根据控件类型自动选取正确的方法来更新元素。它负责监听用户的输入事件以更新数据，并对一些极端场景进行一些特殊处理。

v-model 会忽略所有表单元素的 value、checked、selected 特性的初始值，而总是将 Vue 实例的数据作为数据来源。我们应该通过 JavaScript 在组件的 data 选项中声明初始值。

提示：表单元素可以与用户进行交互，所以使用 v-model 指令在表单控件或者组件上创建双向绑定。

8.2 基本用法

v-model 其实是相当于把 Vue 中的属性绑定到元素（input）上，如果该数据属性有值，值会显示在 input 中，同时元素中输入的内容也决定了 Vue 中的属性值。

v-model 在内部为不同的输入元素使用不同的属性并抛出不同的事件。

（1）text 和 textarea 元素使用 value 属性和 input 事件。

（2）checkbox 和 radio 使用 checked 属性和 change 事件。

（3）select 字段将 value 作为 prop，并将 change 作为事件。

8.2.1 单行文本

最常用的就是文本的绑定了。在下面的案例中，绑定了 message 属性。

【例 8.1】绑定文本（源代码 \ch08\ 8.1.html）

```
<div id="app">
    <input type="text" v-model="message" value="hello">
    <p>{{message}}</p>
</div>
```

```
<script>
    new Vue({
        el:'#app',
        data: {
            message:"我喜欢吃",
        }
    })
</script>
```

在谷歌浏览器中运行程序，效果如图 8-1 所示；在输入框中输入"苹果"，可以看到下面的内容也发生了变化，如图 8-2 所示。

图 8-1　页面初始化效果

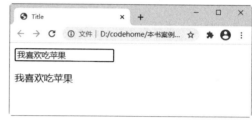

图 8-2　绑定单行文本效果

8.2.2　多行文本

在多行文本 textarea 标签中，绑定 message 属性。

【例 8.2】绑定多行文本（源代码 \ch08\ 8.2.html）

```
<div id="app">
    <p>{{message}}</p>
    <textarea v-model="message">
    </textarea>
</div>
<script>
    new Vue({
        el:'#app',
        data:{
            message:"转朱阁"
        }
    })
</script>
```

在谷歌浏览器中运行程序，效果如图 8-3 所示；在 textarea 标签中输入多行文本，效果如图 8-4 所示。

图 8-3　页面初始化效果

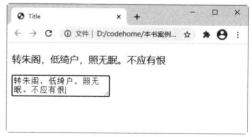

图 8-4　绑定多行文本效果

8.2.3　复选框

单个复选框，绑定到布尔值。

【例 8.3】绑定单个复选框（源代码 \ch08\8.3.html）

```
<div id="app">
    <input type="checkbox" id="checkbox" v-model="checked">
    <label for="checkbox">{{ checked }}</label>
</div>
<script>
    new Vue({
        el:'#app',
        data:{
            //默认值为false
            checked:false
        }
    })
</script>
```

在谷歌浏览器中运行程序，效果如图 8-5 所示；当选中复选框后，checked 的值变为 true，效果如图 8-6 所示。

图 8-5　页面初始化效果

图 8-6　选中复选框效果

多个复选框，绑定到同一个数组，被选中的内容添加到数组中。

【例 8.4】绑定多个复选框（源代码 \ch08\8.4.html）

```
<div id="app">
    <p>选择自己喜欢的水果：</p>
    <input type="checkbox" id="name1" value="苹果" v-model="checkedNames">
    <label for="name1">苹果</label>
    <input type="checkbox" id="name2" value="桃子" v-model="checkedNames">
    <label for="name2">桃子</label>
    <input type="checkbox" id="name3" value="香蕉" v-model="checkedNames">
    <label for="name3">香蕉</label>
    <p><span>选中的水果：{{ checkedNames }}</span></p>
</div>
<script>
    new Vue({
        el:'#app',
        data:{
            //定义空数组
            checkedNames:[],
        }
    })
</script>
```

在谷歌浏览器中运行程序，选中前两个复选框，选中的内容显示在数组中，如图 8-7 所示。

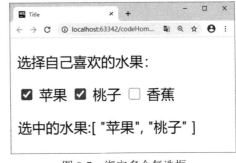

图 8-7　绑定多个复选框

8.2.4　单选按钮

单选按钮一般都有多个条件可供选择，既然是单选按钮，自然希望实现互斥效果，可以使用 v-model 指令配合单选按钮的 value 来实现。

在下面的案例中，多个单选按钮绑定到同一个数组，被选中的内容添加到数组中。

【例 8.5】绑定单选按钮（源代码 \ch08\ 8.5.html）

```
<div id="app">
    <h3>请选择最喜欢的水果（单选题）</h3>
    <input type="radio" id="one" value="A" v-model="picked">
    <label for="one">A.香蕉</label>
    <br/>
    <input type="radio" id="two" value="B" v-model="picked">
    <label for="two">B.橘子</label>
    <br/>
    <input type="radio" id="three" value="C" v-model="picked">
    <label for="three">C.苹果</label>
    <br/>
    <input type="radio" id="four" value="D" v-model="picked">
    <label for="four">D.葡萄</label>
    <p><span>选择:{{ picked }}</span></p>
</div>
<script>
    new Vue({
        el:'#app',
        data:{
            picked:''
        }
    })
</script>
```

在谷歌浏览器中运行程序，选中 C 单选按钮，效果如图 8-8 所示。

图 8-8　绑定单选按钮

8.2.5　选择框

1. 单选框

【例 8.6】绑定单选框（源代码 \ch08\ 8.6.html）

```
<div id="app">
    <h3>选择所在的城市</h3>
    <select v-model="selected">
        <option disabled value="">选择自己所在的城市</option>
        <option>北京</option>
        <option>天津</option>
        <option>山东</option>
    </select>
    <span>选择结果:{{ selected }}</span>
</div>
<script>
    new Vue({
        el:'#app',
        data:{
            selected:' '
        }
    })
</script>
```

在谷歌浏览器中运行程序，在下拉列表框中选择"北京"选项,选择结果也变成了"北京"，效果如图 8-9 所示。

图 8-9　绑定单选框

> **大牛提醒：** 如果 v-model 表达式的初始值未能匹配任何选项，<select> 元素将被渲染为"未选中"状态。

2. 多选框（绑定到一个数组）

为 <select> 标签添加 multiple 属性，即可实现多选。

【例 8.7】绑定多选框（源代码 \ch08\8.7.html）

```
<div id="app">
    <h3>请选择您旅游过的城市</h3>
    <select v-model="selected" multiple style="height:100px">
        <option disabled value="">可以选择的城市如下</option>
        <option>北京</option>
        <option>郑州</option>
        <option>上海</option>
        <option>广州</option>
    </select><br/>
<span>选择结果:{{selected}}</span>
</div>
<script>
    new Vue({
        el:'#app',
        data:{
            selected:[],
        }
    })
</script>
```

在谷歌浏览器中运行程序，选择"郑州"和"上海"选项，效果如图 8-10 所示。

图 8-10　绑定多选框

3. 用 v-for 渲染的动态选项

在实际应用场景中，<select> 标签中的 <option> 一般是通过 v-for 指令动态输出的，其中每一项的 value 或 text 都可以使用 v-bind 动态输出。

【例 8.8】用 v-for 渲染的动态选项（源代码 \ch08\8.8.html）

```
<div id="app">
    <select v-model="selected">
        <option v-for="option in options" v-bind:value="option.value"></option>{{option.text}}</option>
    </select>
            <span>选择结果:{{ selected }}</span>
</div>
<script>
    new Vue({
        el:'#app',
        data:{
            selected:'苹果',
            options:[
                { text:'One', value:'苹果' },
                { text:'Two', value:'香蕉' },
                { text:'Three', value:'芒果' }
            ]
        }
    })
</script>
```

在谷歌浏览器中运行程序，然后在下拉列表框中选择 Two 选项，将会显示它对应的 value 值，效果如图 8-11 所示。

图 8-11　用 v-for 渲染的动态选项

8.3　值绑定

对于单选按钮、复选框及选择框的选项，v-model 绑定的值通常是静态字符串（对于复选框也可以是布尔值）。但是有时可能想把值绑定到 Vue 实例的一个动态属性上,这时可以用 v-bind 实现,并且这个属性的值可以不是字符串。

8.3.1 复选框

在下面的案例中,true-value 和 false-value 特性并不会影响输入控件的 value 特性,因为浏览器在提交表单时并不会包含未被选中的复选框。如果要确保表单中这两个值中的一个能够被提交(例如 yes 或 no),请换用单选按钮。

【例 8.9】动态绑定复选框(源代码\ch08\8.9.html)

```
<div id="app">
    <input type="checkbox" v-model="toggle" true-value="yes" false-value="no">
    <span>{{toggle}}</span>
</div>
```

```
<script>
    new Vue({
        el:'#app',
        data:{
            toggle:'false',
        }
    })
</script>
```

在谷歌浏览器中运行程序,默认状态效果如图 8-12 所示;选中复选框的状态效果如图 8-13 所示。

图 8-12 默认状态效果

图 8-13 选中复选框的状态效果

8.3.2 单选按钮

首先为单选按钮绑定一个属性 a,定义属性值为"苹果";然后使用 v-model 指令为单选按钮绑定 pick 属性,当单选按钮被选中后,pick 的值等于 a 的属性值。

【例 8.10】动态绑定单选按钮的值(源代码\ch08\8.10.html)

```
<div id="app">
    <input type="radio" v-model="pick" v-bind:value="date">
    <span>{{ pick}}</span>
</div>
<script>
    new Vue({
        el:'#app',
        data:{
            date:'该单选按钮已被选中',
            pick:'',
        }
    })
</script>
```

在谷歌浏览器中运行程序,选中单选按钮,将显示其 value 值,效果如图 8-14 所示。

图 8-14 单选按钮选中效果

8.3.3 选择框的选项

在下面的案例中，定义了 4 个 option 选项，使用 v-bind 进行绑定。

【例 8.11】动态绑定选择框的选项（源代码 \ch08\8.11.html）

```
<div id="app">
    <select v-model="selected" multiple>
        <option v-bind:value="{ number:1 }">A</option>
        <option v-bind:value="{ number:2 }">B</option>
        <option v-bind:value="{ number:3 }">C</option>
        <option v-bind:value="{ number:4 }">D</option>
    </select>
    <p><span>{{ selected }}</span></p>
</div>
<script>
    new Vue({
        el:'#app',
        data:{
            selected:[],
        }
    })
</script>
```

在谷歌浏览器中运行程序，选择 B 选项，在 <p> 标签中将显示相应的 number 值，如图 8-15 所示。

图 8-15　动态绑定选择框的选项

8.4 修饰符

对于 v-model 指令，还有 3 个常用的修饰符：lazy、number 和 trim，下面分别来介绍。

8.4.1 trim

如果要自动过滤用户输入的首尾空格，可以给 v-model 添加 trim 修饰符。

【例 8.12】trim 修饰符（源代码 \ch08\8.12.html）

```
<div id="app">
    <p>.trim修饰符</p>
    <input type="text" v-model.trim="val">
    <p>val的长度是: {{ val.length }}</p>
</div>
<script>
    new Vue({
        el:'#app',
        data:{
            val:'',
        }
    })
</script>
```

在谷歌浏览器中运行程序，在 input 中输入"abc123456"，在其前后设置许多空格，可以看到 val 的长度为 9，不会因为添加空格而改变 val，效果如图 8-16 所示。

图 8-16　trim 修饰符应用效果

8.4.2 lazy

在输入框中,v-model 默认是同步数据,使用 lazy 会转变为在 change 事件中同步,也就是在失去焦点或者按下 Enter 键时才更新。

【例 8.13】lazy 修饰符(源代码 \ch08\8.13.html)

```
<div id="app">
    <input v-model.lazy="message">
    <span>{{ message }}</span>
</div>
<script>
new Vue({
    el:'#app',
    data:{
        message:'hello',
    }
})
</script>
```

在谷歌浏览器中运行程序,输入 hello world,如图 8-17 所示;失去焦点后同步数据,如图 8-18 所示。

图 8-17　输入数据

图 8-18　失去焦点同步数据

8.4.3 number

number 修饰符可以将输入的值转换为 Number 类型,否则虽然输入的是数字但它的类型其实是 String。

如果想自动将用户的输入值转换为数值类型,可以给 v-model 添加 number 修饰符。这通常很有用,因为即使在 type="number" 时,HTML 输入元素的值也总会返回字符串。如果这个值无法被 parseFloat() 解析,则会返回原始的值。

【例 8.14】number 修饰符(源代码 \ch08\8.14.html)

```
<div id="app">
    <p>.number修饰符</p>
    <input type="number" v-model.number="val">
    <p>数据类型是: {{ typeof(val) }}</p>
</div>
<script>
    new Vue({
        el:'#app',
        data:{
            val:'',
        }
    })
</script>
```

在谷歌浏览器中运行程序,输入"123456",由于使用了 number 修饰符,所以显示的数据类型为 number,如图 8-19 所示。

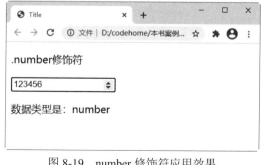

图 8-19　number 修饰符应用效果

8.5 综合实训——设计动态表格

本案例设计了一个动态表格，可以手动添加、删除、编辑和更新数据。数据的添加和更新使用双向数据绑定来实现。

在 JavaScript 中，设置两条数据，默认状态下显示；定义新增、删除、编辑和更新等方法，通过单击事件触发。完整代码如下：

```html
<!DOCTYPE html>
<html>
    <head>
        <meta charset="utf-8">
        <meta http-equiv="X-UA-Compatible" content="IE=edge">
        <script type="text/javascript" src="vue.js"></script>
        <title>动态表格</title>
        <style>
            #table table {
                width:100%;
                font-size:14px;
                border:1px solid #eee
            }
            #table {
                padding:0 10px;
            }
            table thead th {
                background:#f5f5f5;
                padding:10px;
                text-align:left;
            }
            table tbody td {
                padding:10px;
                text-align:left;
                border-bottom:1px solid #eee;
                border-right:1px solid #eee;
            }
            table tbody td span {
                margin:0 10px;
                cursor:pointer;
            }
            .delete {
                color:red;
            }
            .edit {
                color:#008cd5;
            }
            .add {
                border:1px solid #eee;
                margin:10px 0;
                padding:15px;
            }
            input {
                border:1px solid #ccc;
                padding:5px;
                border-radius:3px;
                margin-right:15px;
            }
            button {
                background:#008cd5;
```

```css
            border:0;
            padding:4px 15px;
            border-radius:3px;
            color:#fff;
        }
        #mask {
            background:rgba(0, 0, 0, .5);
            width:100%;
            height:100%;
            position:fixed;
            z-index:4;
            top:0;
            left:0;
        }
        .mask {
            width:300px;
            height:250px;
            background:rgba(255, 255, 255, 1);
            position:absolute;
            left:0;
            top:0;
            right:0;
            bottom:0;
            margin;auto;
            z-index:47;
            border-radius:5px;
        }
        .title {
            padding:10px;
            border-bottom:1px solid #eee;
        }
        .title span {
            float:right;
            cursor:pointer;
        }
        .content {
            padding:10px;
        }
        .content input {
            width:270px;
            margin-bottom:15px;
        }
    </style>
</head>
<body>
    <div id="table">
        <div class="add">
            <input type="text" v-model="addDetail.title" name="title" value="" placeholder="标题" />
            <input type="text" v-model="addDetail.user" name="user" value="" placeholder="发布人" />
            <input type="date" v-model="addDetail.dates" name="date" value="" placeholder="发布时间" />
            <button @click="adddetail">新增</button>
        </div>
        <table cellpadding="0" cellspacing="0">
            <thead>
                <tr>
                    <th>序号</th>
```

```html
            <th>标题</th>
            <th>发布人</th>
            <th>发布时间</th>
            <th>操作</th>
        </tr>
    </thead>
    <tbody>
        <tr v-for="(item,index) in newsList">
        <td width="10%">{{index+1}}</td>
            <td>{{item.title}}</td>
            <td width="15%">{{item.user}}</td>
            <td width="20%">{{item.dates}}</td>
            <td width="15%">
                <span @click="deletelist(item.id,index)" class="delete">删除</span>
                <span class="edit" @click="edit(item)">编辑</span>
            </td>
        </tr>
    </tbody>
</table>
<div id="mask" v-if="editlist">
    <div class="mask">
        <div class="title">
         //编辑
         <span @click="editlist=false">
         </span>
        </div>
        <div class="content">
         <input type="text" v-model="editDetail.title" name="title" value="" placeholder="标题" />
         <input type="text" v-model="editDetail.user" name="user" value="" placeholder="发布人" />
         <input type="date" v-model="editDetail.dates" name="date" value="" placeholder="发布时间" />
         <button @click="update">更新</button>
         <button @click="editlist=false">取消</button>
        </div>
    </div>
</div>
</div>
<script>
    var app = new Vue({
        el:'#table',
        data:{
            addDetail:{},
            editlist:false,
            editDetail:{},
            newsList:[{
             title:'招聘前端工程师',
             user:'关羽',
             dates:'2020-08-10',
             id:"10001"
            }, {
             title:'招聘PHP工程师',
             user:'张飞',
             dates:'2020-08-15',
             id:"10002"
            }],
```

```js
            editid:''
    },
    mounted(){},
    methods:{
        //新增
        adddetail(){
//这里的思路应该是把this.addDetail传给服务端，然后加载列表this.newsList
            //this.newsList.push(this.addDetail)
            this.newsList.push({
                title:this.addDetail.title,
                user:this.addDetail.user,
                dates:this.addDetail.dates,
            })

            //axios.post('url',this.addDetail).then((res) =>{
            //若返回正确结果，则清空新增输入框的数据
            //this.addDetail.title = ""
            //this.addDetail.user = ""
            //this.addDetail.dates = ""
            //})

        },
        //删除
        deletelist(id, i){
            this.newsList.splice(i, 1);
            //这边可以传id给服务端进行删除  ID = id
            //axios.get('url',{ID:id}).then((res) =>{
            //加载列表
            //})
        },
        //编辑
        edit(item){
            this.editDetail = {
                title:item.title,
                user:item.user,
                dates:item.dates,
                id:item.id
            }
            this.editlist = true
            this.editid = item.id

        },
        //确认更新
        update(){
            //编辑的话，也是传id给服务端
            //axios.get('url',{ID:id}).then((res) =>{
            //加载列表
            //})
            let _this= this
            for(let i = 0; i < _this.newsList.length; i++){
                if(_this.newsList[i].id ==this.editid){
                    _this.newsList[i] = {
                        title:_this.editDetail.title,
                        user:_this.editDetail.user,
                        dates:_this.editDetail.dates,
                        id:this.editid
                    }
                    this.editlist = false
                }
```

```
                    }
                }
            }
        })
    </script>
  </body>
</html>
```

在谷歌浏览器中运行程序，效果如图 8-20 所示。

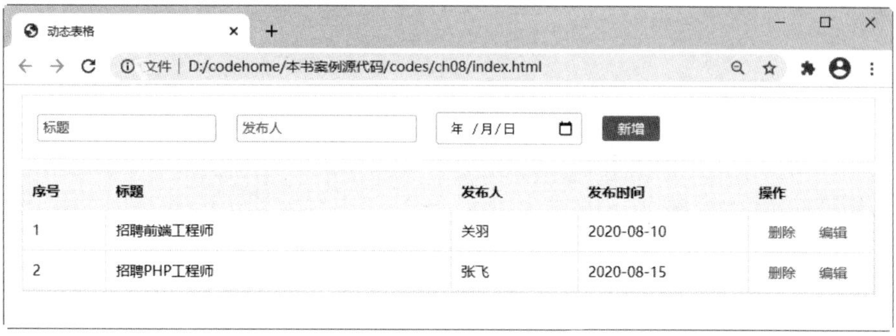

图 8-20 动态表格

单击"删除"按钮，可删除对应的数据；单击"编辑"按钮，将进入更新界面，在更新界面中可以"更改"数据，然后单击"更新"按钮更新数据。

在输入框中输入发布的内容、发布人，选择相应的日期，然后单击"新增"按钮，数据将添加到列表中，效果如图 8-21 所示。

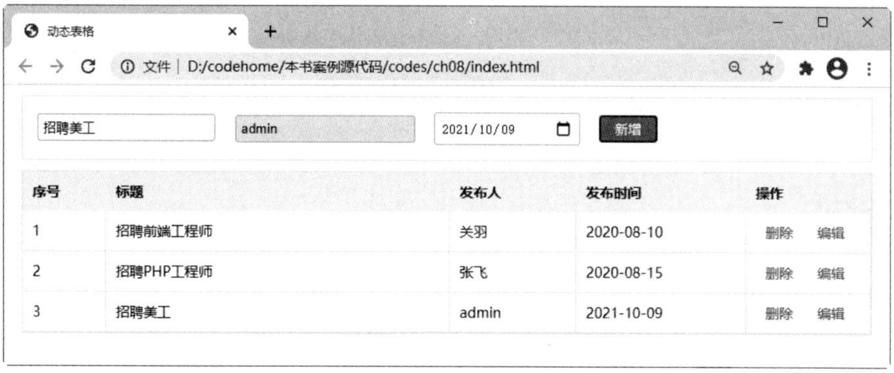

图 8-21 添加新数据

8.6 新手疑难问题解答

疑问 1：Vue 中标签怎么绑定事件？

Vue 利用 v-model 进行表单数据的双向绑定。具体做了两个操作。
（1）v-bind 绑定了一个 value 的属性。
（2）利用 v-on 把当前的元素绑定到一个事件上。
例如下面的代码：

```
<div id="app">
```

```
        <!--绑定value属性,input绑定到oninput事件上-->
        <input v-model:value="inputValue" v-on:input="inputValue=$event.target.value">
        <p>----{{inputValue}}----</p>
    </div>
    <script>
        new Vue({
            el:"#app",
            data:{
                inputValue:""
            }
        })
    </script>
```

在谷歌浏览器中运行,效果如图 8-22 所示。

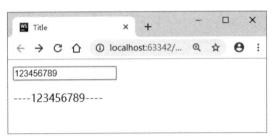

图 8-22 表单数据双向绑定

input 元素本身有个 oninput 事件,这是 HTML5 新增加的,类似 onchange,每当输入框内容发生变化时,就会触发 oninput,把最新的 value 传递给 inputValue。

疑问 2:如何在组件上使用双向数据绑定?

首先在模板中定义数据双向绑定,然后通过 props 属性把 price 传递给 myon-input 组件。例如下面的代码:

```
<div id="app">
    <myon-input v-model="price"></myon-input>
    <span>{{price}}</span>
</div>
<script>
    // 定义组件myon-input
    Vue.component('myon-input', {
        template:'
                <span>
                  <input
                    :value="value"
                    @input="$emit('input', $event.target.value)">
                </span>
            ',
        props:['value'],    //向组件传递price的值
    })
    new Vue({
      el:'#app',
      data:{
        price:1,
      }
    })
```

```
</script>
```

在谷歌浏览器中运行程序,效果如图 8-23 所示。

图 8-23　组件上实现双向绑定

第9章 精通组件

在之前的学习中，对于 Vue 的一些基础语法进行了简单的了解，通过之前的代码可以清晰地看出，在使用 Vue 的整个过程中，最终都是在对 Vue 实例进行一系列的操作。

这里就会引出一个问题，如果把所有的 Vue 实例都写在一块，必然会导致这个方法又长又不好理解。组件就解决了这些问题。组件可以将一些相似的业务逻辑进行封装，重用一些代码，从而达到简化的目的。

9.1 什么是组件

组件是 Vue 中的一个重要概念，它是一种抽象，是一个可以复用的 Vue 实例，拥有独一无二的名称，可以扩展 HTML 元素，并可以组件名称的方式作为自定义的 HTML 标签。因为组件是可复用的 Vue 实例，所以它们与 new Vue() 接收相同的选项，例如 data、computed、watch、methods 以及生命周期钩子等。唯一的例外是 el 选项，这是只用于根实例的特有的选项。

在大多数的系统网页中都包含 header、body、footer 等部分，在很多时候，同一个系统中的多个页面，可能仅仅是页面中 body 部分显示的内容不同，因此，这里就可以将系统中重复出现的页面元素设计成一个个的组件，当需要使用的时候，引用这个组件即可。

在定义组件的时候，组件名应该设置成多个单词的组合，例如 todo-item、todo-list。但 Vue 中的内置根组件例外，例如 App、<transition>、<component>。

这样做可以避免与现有的 Vue 内置组件（App、<transition>、<component>）以及未来的 HTML 元素相冲突，因为所有的 HTML 元素的名称都是单个单词。

例如定义一个组件：

```
Vue.component('todo-item', {
  // ...
})
//单文件组件
export default {
  name:'TodoItem',
  // ...
}
```

9.2 组件的注册

在 Vue 中创建一个新的组件之后，为了能在模板中使用，这些组件必须先进行注册以便 Vue 能够识别。在 Vue 中有两种组件的注册类型：全局注册和局部注册。

全局注册的组件，可以用在通过 new Vue() 新创建的 Vue 根实例，也可以在组件树中的所有子组件的模板中使用；而局部注册的组件只能在当前注册的 Vue 实例中使用。

9.2.1 全局注册

在 Vue 中创建全局组件，通常的做法是先使用 Vue.extend 方法构建模板对象，然后通过 Vue.component 方法来注册组件。Vue.component 方法有两个参数，第一个参数是组件的名称，第二个参数是模板对象，使用 Vue.extend 创建。

因为组件最后会被解析成自定义的 HTML 代码，因此，可以直接在 HTML 中将组件名称作为标签来使用。

【例 9.1】全局注册组件（源代码 \ch09\9.1.html）

```
<div id="app">
    <!--使用my-component组件-->
    <my-component></my-component>
</div>
<script>
    //1、使用 Vue.extend 构建模板对象
    var comElement = Vue.extend({
        template:'<div><h3>全局组件</h3><p>{{message}}</p></div>',
        data:function (){
            return {
                message:" 去年今日此门中，人面桃花相映红。"
            }
        }
    });
    //2、使用 Vue.component 注册全局
    //组件
    Vue.component('my-component',
        comElement);
    var app = new Vue({
        el:'#app'
    });
</script>
```

在谷歌浏览器中运行程序，效果如图 9-1 所示。

图 9-1　全局注册组件

从控制台中可以看到，自定义的组件已经被解析成了 HTML 元素。需要注意一个问题，如果采用小驼峰（myCom）的方式命名组件，在使用这个组件的时候，需要将大写字母改成小写字母，同时两个字母之间需要使用"-"进行连接，例如 <my-com>。

【例 9.2】组件的命名（源代码 \ch09\9.2.html）

```
<div id="app">
    <!--小驼峰命名的组件，使用方式-->
    <my-com></my-com>
</div>
<script>
    var comElement = Vue.extend({
        template:'<h3>组件名称使用的规则</h3>'
    });
    //小驼峰命名组件
    Vue.component('myCom',
        comElement);
    var app = new Vue({
        el:'#app'
    });
</script>
```

在谷歌浏览器中运行程序，效果如图 9-2 所示。

图 9-2　组件命名

当然，也可以在 Vue.component 中以匿名对象的方式直接注册全局组件。

【例 9.3】以匿名对象的方式注册组件（源代码 \ch09\9.3.html）

```
<div id="app">
    <my-com2></my-com2><br/>
    <my-com3></my-com3>
</div>
<script>
    Vue.component('myCom2', Vue.extend({
        template:'<div>这是直接使用Vue.component 创建的组件{{con}}</div>',
        data:function (){
            return{
                con:"myCom2"
            }
        }
    }));
    Vue.component('myCom3', {
        template:'<div>这是直接使用Vue.component 创建的组件{{con}}</div>',
        data:function (){
            return{
                con:"myCom3"
            }
        }
    });
    var app = new Vue({
        el:'#app'
    });
</script>
```

在谷歌浏览器中运行程序，效果如图 9-3 所示。

图 9-3　用匿名对象的方式注册组件

上面的案例中，只是在 template 属性中定义了一个简单的 HTML 代码，在实际的使用中，template 属性指向的模板内容可能包含很多元素，而使用 Vue.extend 创建的模板必须有且只有一个根元素，出现多个根元素时，默认只渲染第一个根元素的内容。因此，当需要创建具有复杂元素的模板时，可以在最外层再套一个 div。

例如，下面代码就是错误的编写方式。

【例 9.4】错误的编写方式（源代码 \ch09\9.4.html）

```
<div id="app">
    <my-com></my-com>
</div>
<script>
    var comElement = Vue.extend({
        template:'<h3>全局组件</h3><p>这是我们创建的全局组件</p>'
    })
    Vue.component('my-com', comElement)
    var app = new Vue({
        el:'#app'
    });
</script>
```

在谷歌浏览器中运行程序，可以发现只渲染了 <h3> 标签，<p> 标签没有被渲染，并且报错，如图 9-4 所示。

图 9-4　错误的编写方式

解决上述错误的编写方式，只需要在 "<h3> 全局组件 </h3><p> 这是我们创建的全局组件 </p>" 的外面添加一个 div 即可：

```
<div><h3>全局组件</h3><p>这是我们创建的全局组件</p></div>
```

当 template 属性中包含很多元素时，不能使用代码提示会显得不太方便，这时，可以使用 template 标签来定义模板，通过 id 来确定组件的模板信息。

【例 9.5】定义模板（源代码 \ch09\ 9.5.html）

```
<div id="app">
    <my-com1></my-com1>
    <my-com2></my-com2>
</div>
<template id="tmp1">
    <div>
        <h3>人面不知何处去</h3>
    </div>
</template>
<template id="tmp2">
    <div>
        <h3>桃花依旧笑春风</h3>
    </div>
</template>
<script>
    Vue.component('my-com1',{
        template:'#tmp1'
    });
    Vue.component('my-com2',{
        template:'#tmp2'
    });
    var vm = new Vue({
        el:'#app',
    });
</script>
```

在谷歌浏览器中运行程序，效果如图 9-5 所示。

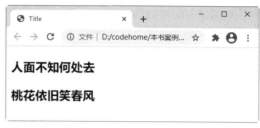

图 9-5　定义模板

9.2.2　局部注册

如果注册的组件只想在一个 Vue 实例中使用，可以使用局部注册的方式注册组件。在 Vue 实例中，可以通过 components 选项注册仅在当前实例作用域下可用的组件。

【例 9.6】局部注册组件（源代码 \ch09\ 9.6.html）

```
<div id="app1">
    <my-com></my-com>
</div>
<template id="app-com">
    <div>
        <h4>注册局部组件</h4>
        <h4>{{name}}</h4>
    </div>
</template>
<script>
    var app1 = new Vue({
        el:'#app1',
        //注册局部组件
        components:{
            'my-com':{
                template:'#app-com',
                data:function () {
                    return{
                        name:"疏影横斜水清浅，暗香浮动月黄昏。"
                    }
                }
            }
        }
    });
</script>
```

在谷歌浏览器中运行程序，效果如图 9-6 所示。

图 9-6　局部注册组件

9.3　使用 prop 向子组件传递数据

组件是当作自定义元素来使用的，而元素一般是有属性的，同样组件也可以有属性。在使用组件时，给元素设置属性，组件内部如何接收呢？首先需要在组件内部注册一些自定义的属性，称为 prop，这些 prop 是在组件的 props 选项中定义的；之后，在使用组件时，就可以把这些 prop 的名字作为元素的属性名来使用，通过属性向组件传递数据，这些数据将作为组件实例的属性被使用。

9.3.1 prop 的基本用法

下面看一个案例，使用 prop 属性向子组件传递数据，这里传递"日薄从甘春至晚，霜深应怯夜来寒。"，在子组件的 props 选项中接收 prop 属性，然后使用插值语法在模板中渲染 prop 属性。

【例 9.7】使用 prop 属性向子组件传递数据（源代码 \ch09\9.7.html）

```
<div id="app">
    <blog-content date-title="日薄从甘春至晚，霜深应怯夜来寒。"></blog-content>
</div>
<script>
    Vue.component('blog-content', {
        props:['dateTitle'],
        //date-title就像data定义的数据属性
        //一样
        template:'<h3>{{ dateTitle }}</h3>',
        //在该组件中可以使用this.
        //dateTitle这种形式调用prop属性
        created(){
            console.log(this.dateTitle);
        }
    });
    var app=new Vue({
        el:"#app",
    })
</script>
```

在谷歌浏览器中运行程序，效果如图 9-7 所示。

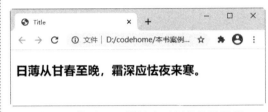

图 9-7 使用 prop 属性向子组件传递数据

> **大牛提醒**：HTML 中的 attribute 名是大小写不敏感的，所以浏览器会把所有大写字母解释为小写字母，prop 属性也适用这种规则。当使用 DOM 中的模板时，dateTitle（驼峰命名法）的 prop 名需要使用其等价的 date-title（短横线分隔命名）命名方式。

上面的案例中，使用 prop 属性向子组件传递了字符串值，还可以传递数字。这只是它的一个简单使用。通常情况下可以使用 v-bind 来传递动态的值，传递数组和对象时也需要使用 v-bind 指令。

更改上面的案例，在 Vue 实例中定义 title 属性，传递给子组件。

【例 9.8】传递 title 属性到子组件（源代码 \ch09\9.8.html）

```
<div id="app">
    <blog-content v-bind:date-title="content"></blog-content>
</div>
<script>
    Vue.component('blog-content', {
        props:['dateTitle'],
        template:'<h3>{{ dateTitle }}</h3>',
    });
    var app=new Vue({
        el:"#app",
        data:{
            content:"忆着江南旧行路，酒旗斜拂堕吟鞍。"
        }
    })
</script>
```

在谷歌浏览器中运行程序，效果如图 9-8 所示。

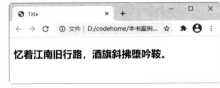

图 9-8 传递 title 属性到子组件

在上面的案例中，在 Vue 实例中向子组件传递数据，通常情况下多用于组件向组件传递数据。下面创建两个组件，在页面中渲染其中一个组件，而在这个组件中使用另外一个组件，并传递 title 属性。

【例 9.9】组件之间传递数据（源代码 \ch09\9.9.html）

```
<div id="app">
    <!--使用blog-content组件-->
    <blog-content></blog-content>
</div>
<script>
    Vue.component('blog-content', {
        // 使用blog-title组件，并传递
        //content
            template:'<div><blog-title v-bind:date-title="title"></blog-title></div>',
            data:function(){
                return{
                    title:"剪绡零碎点酥乾，向背稀稠画亦难。"
                }
            }
    });
    Vue.component('blog-title', {
        props:['dateTitle'],
            template:'<h3>{{ dateTitle }}</h3>',
    });
    var app=new Vue({
        el:"#app",
    })
</script>
```

在谷歌浏览器中运行程序，效果如图 9-9 所示。

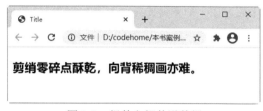

图 9-9　组件之间传递数据

如果组件需要传递多个值，可以定义多个 prop 属性。

【例 9.10】传递多个值（源代码 \ch09\9.10.html）

```
<div id="app">
    <!--使用blog-content组件-->
    <blog-content></blog-content>
</div>
<script>
    Vue.component('blog-content', {
        // 使用blog-title组件，并传递
        //content
            template:'<div><blog-title :name="name" :price="price" :city="city"></blog-title></div>',
            data:function(){
                return{
                    name:"洗衣机",
                    price:6988,
                    city:"上海"
                }
            }
    });
    Vue.component('blog-title', {
        props:['name','price','city'],
            template:'<ul><li>{{name}}</li><li>{{price}}</li><li>{{city}}</li></ul> ',
    });
    var app=new Vue({
        el:"#app",
    })
</script>
```

在谷歌浏览器中运行程序，效果如图 9-10 所示。

图 9-10　传递多个值

从上面的案例可以发现，以字符串数组形式列出多个 prop 属性：

```
props:['name','price','city'],
```

但是，通常希望每个 prop 属性都有指定的值类型。这时，可以以对象形式列出 prop，这些属性的名称和值分别是 prop 各自的名称和类型，例如：

```
props:{
  name:String,
  price:Number,
  city:String,
}
```

9.3.2 单向数据流

所有的 prop 属性，传递数据都是单向的。父组件的 prop 属性的更新会向下传递到子组件中，但是反过来则不行。这样会防止从子组件意外变更父级组件中的数据，从而导致应用的数据流向难以理解。

每次父级组件发生变更时，子组件中所有的 prop 属性都会刷新为最新的值。这意味着不应该在一个子组件内部改变 prop 属性。如果这样做，Vue 会在浏览器的控制台中发出警告。

有两种情况可能需要改变组件的 prop 属性。一种情况是定义一个 prop 属性，以方便父组件传递初始值，在子组件内将这个 prop 作为一个本地的 prop 数据来使用。遇到这种情况，解决办法是在本地的 data 选项中定义一个属性，然后将 prop 属性值作为其初始值，后续操作只访问这个 data 属性。代码如下：

```
props:['initDate'],
data:function (){
  return {
    title:this.initDate
  }
}
```

第二种情况是 prop 属性接收数据后需要转换再使用。这种情况可以使用计算属性来解决。代码如下：

```
props:['size'],
computed:{
  nowSize:function(){
    return this.size.trim().toLowerCase()
  }
}
```

后续的内容直接访问计算属性 nowSize 即可。

> **大牛提醒**：在 JavaScript 中，对象和数组是通过引用传入的，所以对于一个数组或对象类型的 prop 属性来说，在子组件中变更这个对象或数组本身将会影响父组件的状态。

9.3.3 prop 验证

当开发一个可复用的组件时，父组件希望通过 prop 属性传递的数据类型符合要求。例如，组件定义一个 prop 属性是对象类型，结果父组件传递的是一个字符串的值，这明显不合适。因此，Vue.js 提供了 prop 属性的验证规则，在定义 props 选项时，使用一个带验证需求的对象来代替之前使用的字符串数组（props: ['name','price','city']）。代码说明如下：

```
Vue.component('my-component', {
    props:{
        // 基础的类型检查 (null 和 undefined 会通过任何类型验证)
        name:String,
        // 多个可能的类型
        price:[String, Number],
        // 必填的字符串
        city:{
            type:String,
            required:true
        },
        // 带有默认值的数字
        prop1:{
            type:Number,
            default:100
        },
        // 带有默认值的对象
        prop2:{
            type:Object,
            // 对象或数组默认值必须从一个工厂函数获取
            default:function (){
                return { message:'hello' }
            }
        },
        // 自定义验证函数
        prop3:{
            validator:function (value){
                // 这个值必须匹配下列字符串中的一个
                return ['success', 'warning', 'danger'].indexOf(value) !== -1
            }
        }
    }
})
```

当我们为组件的 prop 指定验证要求后，如果有一个需求没有被满足，则 Vue 会在浏览器控制台发出警告。

上面代码验证的 type 可以是下面原生构造函数中的一个：

```
String
Number
Boolean
Array
Object
Date
Function
Symbol
```

另外，type 还可以是一个自定义的构造函数，并且通过 instanceof 来进行检查确认。例如，给定下列现成的构造函数：

```
function Person (firstName, lastName){
    this.firstName = firstame
    this.lastName = lastName
}
```

可以通过以下代码验证 name 的值是否是通过 new Person 创建的。

```
Vue.component('blog-content', {
  props:{
    name:Person
  }
})
```

9.3.4 非 prop 的属性

在使用组件的时候，父组件可能会向子组件传入未定义 prop 的属性值。组件可以接收任意的属性，而这些外部设置的属性会被添加到子组件的根元素上。

【例9.11】非 prop 的属性（源代码\ch09\9.11.html）

```
<style>
    .bg1{
        background:yellow;
    }
    .bg2{
        width:120px;
    }
</style>
<div id="app">
    <!--使用blog-content组件-->
    <input-con class="bg2" type="text"></input-con>
</div>
<script>
    Vue.component('input-con', {
        template:'<input class="bg1">',
    });
    var app=new Vue({
        el:"#app",
    })
</script>
```

在谷歌浏览器中运行程序，输入"梨花压海棠"，打开控制台，效果如图 9-11 所示。

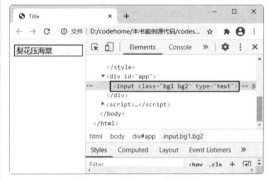

图 9-11 非 prop 的属性

从上面的案例可以看出，input-con 组件没有定义任何的 prop，根元素是 <input>，在 DOM 模板中使用 <input-con> 元素时设置了 type 属性，这个属性将被添加到 input-con 组件的根元素 <input> 上，渲染结果为 <input type="text">。另外，在 input-con 组件的模板中还使用了 class 属性 bg1，同时在 DOM 模板中也设置了 class 属性 bg2，在这种情况下，两个 class 属性的值会被合并，最终渲染的结果为 <input class="bg1 bg2" type="text">。

要注意的是，只有 class 和 style 属性的值会合并，而其他属性，从外部提供给组件的值会替换掉组件内部设置好的值。假设 input-con 组件的模板是 <input type="text">，如果父组件传入 type="password"，就会替换掉 type="text"，最后渲染结果就变成了 <input type="password">。

例如更改上面的案例：

```
<div id="app">
    <!--使用blog-content组件-->
    <input-con class="bg2" type="password"></input-con>
```

```
    </div>
<script>
    Vue.component('input-con', {
        template:'<input class="bg1" type="text">',
    });
    var app=new Vue({
        el:"#app",
    })
</script>
```

在谷歌浏览器中运行程序,然后输入"123456",可以发现 input 的类型为"password",效果如图 9-12 所示。

图 9-12 外部组件的值替换掉组件内设置好的值

如果不希望组件的根元素继承外部设置的属性,可以在组件的选项中设置 inheritAttrs: false。例如更改上面的案例代码:

```
Vue.component('input-con', {
        template:'<input class="bg1" type="text">',
        inheritAttrs:false,
});
```

再次运行项目,可以发现父组件传递的 type="password",子组件并没有继承。

9.4 子组件向父组件传递数据

前面介绍了父组件如何通过 prop 属性向子组件传递数据,那子组件如何向父组件传递数据呢?具体实现请看下面的内容。

9.4.1 监听子组件事件

在 Vue 中可以通过自定义事件来实现。子组件使用 $emit() 方法触发事件,父组件使用 v-on 指令监听子组件的自定义事件。$emit() 方法的语法形式如下:

```
vm.$emit(myEvent, [...args])
```

其中,myEvent 是自定义的事件名称,args 是附加参数,这些参数会传递给监听器的回调函数。如果要向父组件传递数据,就可以通过第二个参数来传递。

【例9.12】子组件向父组件传递数据（源代码 \ch09\9.12.html）

这里定义一个子组件，子组件的按钮接收到 click 事件后，调用 $emit() 方法触发一个自定义事件。在父组件中使用子组件时，可以使用 v-on 指令监听自定义的 date 事件。

```
<div id="app">
    <parent></parent>
</div>
<script>
Vue.component('child', {
    data:function (){
        return{
            info:{
                name:"洗衣机",
                price:"8600",
                city:"北京"
            }
        }
    },
    methods:{
        handleClick(){
            //调用实例的$emit()方法触
            //发自定义事件greet，并传递info
            this.$emit("date",this.info)
        },
    },
    template:'<button v-on:click="handleClick">显示子组件的数据</button>'
});
Vue.component('parent',{
    data:function(){
        return{
            name:'',
            price:'',
            city:'',
        }
    },
    methods:{
        // 接收子组件传递的数据
        childDate(info){
            this.name=info.name;
            this.price=info.price;
            this.city=info.city;
        }
    },
    template:'
        <div>
            <child v-on:date="childDate"></child>
            <ul>
                <li>{{name}}</li>
                <li>{{price}}</li>
                <li>{{city}}</li>
            </ul>
        </div>
    ',
});
var app=new Vue({
    el:"#app",
})
</script>
```

在谷歌浏览器中运行程序，单击"显示子组件的数据"按钮，将显示子组件传递过来的数据，效果如图 9-13 所示。

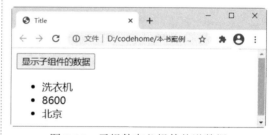

图 9-13　子组件向父组件传递数据

9.4.2　将原生事件绑定到组件

在组件的根元素上可以直接监听原生事件，使用 v-on 指令时添加一个 .native 修饰符即可。例如：

```
<base-input v-on:focus.native="onFocus"></base-input>
```

在有的时候这是很有用的，不过在尝试监听一个类似 <input> 的非常特定的元素时，这并不是个好主意。例如 <base-input> 组件可能做了如下重构，所以根元素实际上是一个 <label> 元素：

```
<label>
  {{ label }}
  <input
```

```
    v-bind="$attrs"
    v-bind:value="value"
    v-on:input="$emit('input', $event.target.value)"
  >
</label>
```

这时父组件的 .native 监听器将静默失败。它不会产生任何报错，但是 onFocus 处理函数不会如期被调用。

为了解决这个问题，Vue 提供了一个 $listeners 属性，它是一个对象，里面包含了作用在这个组件上的所有监听器。例如：

```
{
  focus:function (event){ /* ... */ }
  input:function (value){ /* ... */ }
}
```

有了这个 $listeners 属性，就可以配合 v-on="$listeners" 将所有的事件监听器指向这个组件的某个特定的子元素。对于那些需要 v-model 的元素（如 input）来说，可以为这些监听器创建一个计算属性，例如下面代码中的 inputListeners。

```
Vue.component('base-input', {
  inheritAttrs:false,
  props:['label', 'value'],
  computed:{
    inputListeners:function (){
      var vm = this
      // Object.assign 将所有的对象合并为一个新对象
      return Object.assign({},
        // 我们从父级添加所有的监听器
        this.$listeners,
        // 然后我们添加自定义监听器，或覆写一些监听器的行为
        {
          // 这里确保组件配合 v-model 的工作
          input:function (event){
            vm.$emit('input', event.target.value)
          }
        }
      )
    }
  },
  template:'
    <label>
      {{ label }}
      <input
        v-bind="$attrs"
        v-bind:value="value"
        v-on="inputListeners"
      >
    </label>
  '
})
```

现在 <base-input> 组件是一个完全透明的包裹器了，也就是说它可以完全像一个普通的 <input> 元素一样使用，所有跟它相同的属性和监听器都可以工作，不必再使用 .native 修饰符。

9.4.3 .sync 修饰符

在有些情况下,可能需要对一个 prop 属性进行"双向绑定"。不幸的是,真正的双向绑定会带来维护上的问题,因为子组件可以变更父组件,且父组件和子组件都没有明显的变更来源。Vue.js 推荐以 update:myPropName 模式触发事件来实现。

【例9.13】设计购物的数量(源代码 \ch09\9.13.html)

子组件的代码如下:

```
Vue.component('child', {
    data:function (){
        return{
            count:this.value
        }
    },
    props:{
        value:{
            type:Number,
            default:0
        }
    },
    methods:{
        handleClick(){
            this.$emit("update:value",++this.count)
        },
    },
    template:'
        <div>
            <sapn>子组件: 购买{{value}}件</sapn>
            <button v-on:click="handleClick">增加</button>
        </div>
    '
});
```

在这个子组件中有一个 prop 属性 value,在按钮的 click 事件处理器中,调用 $emit() 方法触发 update:value 事件,并将加 1 后的计数值作为事件的附加参数。

在父组件中,使用 v-on 指令监听 update:value 事件,这样就可以接收到子组件传来的数据,然后使用 v-bind 指令绑定子组件的 prop 属性 value,就可以给子组件传递父组件的数据,这样就实现了双向数据绑定。代码如下:

```
<div id="app">
    父组件: 购买{{counter}}件
    <child v-bind:value="counter" v-on:update:value="counter=$event"></child>
</div>
var app=new Vue({
    el:"#app",
    data:{
        counter:0
    }
})
```

其中,$event 是自定义事件的附加参数。

在谷歌浏览器中运行程序,单击 5 次"增加"按钮,可以看到父组件和子组件中的购买数量是同步变化的,如图 9-14 所示。

图 9-14 同步更新父组件和子组件的数据

为了方便起见，Vue 为 prop 属性的"双向绑定"提供了一个缩写，即 .sync 修饰符，修改上面案例中 <child> 的代码：

```
<child v-bind:value.sync="counter"></child>
```

注意带有 .sync 修饰符的 v-bind 不能和表达式一起使用。例如：

```
v-bind:value.sync="doc.title+'!' "
```

上面的代码是无效的，取而代之的是，只能提供想要绑定的属性名，类似 v-model。

当用一个对象同时设置多个 prop 属性时，也可以将 .sync 修饰符和 v-bind 配合使用：

```
<child v-bind.sync="doc"></child >
```

这样会把 doc 对象中的每一个属性都作为一个独立的 prop 传进去，然后各自添加用于更新的 v-on 监听器。

> **大牛提醒**：将 v-bind.sync 用在一个字面量的对象上，例如 v-bind.sync="title:doc.title"，是无法正常工作的。

9.5 插槽

组件是当作自定义的 HTML 元素来使用的，元素可以包括属性和内容，通过组件定义的 prop 来接收属性值，那对于组件的内容怎么实现呢？可以使用插槽（slot 元素）来解决。

9.5.1 插槽的基本用法

下面定义一个组件：

```
Vue.component('page', {
    template:'<div><slot></slot></div>'
});
```

在 page 组件中，<div> 元素内容定义了 <slot> 元素，可以把它理解为占位符。

在 Vue 实例中使用这个组件：

```
<div id="app">
    <page>欢迎来到Vue.js的官网</page>
</div>
```

<page> 元素给出了内容，在渲染组件时，这个内容会置换组件内部的 <slot> 元素。

在谷歌浏览器中运行程序，渲染的结果如图 9-15 所示。

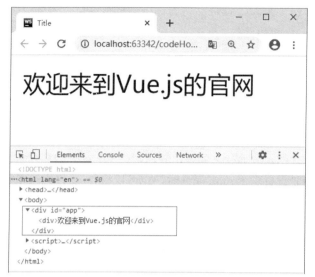

图 9-15 插槽的基本用法

如果 page 组件中没有 slot 元素，<page> 元素中的内容将不会渲染到页面。

9.5.2 编译作用域

当想通过插槽向组件传递动态数据时，例如：

```
<page>欢迎来到{{name}}的官网</page>
```

name 属性是在父组件作用域下解析的，而不是 page 组件的作用域。而在 page 组件定义的属性，在父组件是访问不到的，这就是编译作用域。

记住一条规则：父组件模板里的所有内容都是在父级作用域中编译的；子组件模板里的所有内容都是在子作用域中编译的。

9.5.3 默认内容

有时为一个插槽设置默认内容是很有用的，它只会在没有提供内容的时候被渲染。例如在一个 <submit-button> 组件中：

```
<button type="submit">
  <slot></slot>
</button>
```

如果希望 <button> 内绝大多数情况下都渲染文本 Submit，可以将 Submit 作为默认内容，将它放在 <slot> 标签内：

```
<button type="submit">
  <slot>Submit</slot>
</button>
```

现在在一个父组件中使用 <submit-button> 并且不提供任何插槽内容时：

```
<submit-button></submit-button>
```

默认内容 Submit 将会被渲染：

```
<button type="submit">
  Submit
</button>
```

但是如果提供内容：

```
<submit-button>
  提交
</submit-button>
```

则这个提供的内容将会替换掉默认值 Submit，渲染如下：

```
<button type="submit">
  提交
</button>
```

【例9.14】设置插槽的默认内容（源代码\ch09\9.14.html）

```
<div id="app">
    <page>提交</page>
</div>
<script>
    Vue.component('page', {
    template:'<button type="submit">
                <slot>Submit</slot>
                </button>'
    });
    var app=new Vue({
        el:"#app",
    })
</script>
```

在谷歌浏览器中运行程序，渲染的结果如图9-16所示。

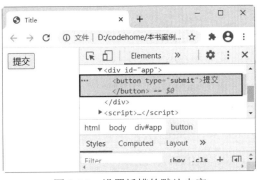

图 9-16　设置插槽的默认内容

9.5.4　命名插槽

在组件开发中，有时需要使用多个插槽。例如对于一个带有如下模板的 <page-layout> 组件：

```
<div class="container">
  <header>
    <!-- 我们希望把页头放这里 -->
  </header>
  <main>
    <!-- 我们希望把主要内容放这里 -->
  </main>
  <footer>
    <!-- 我们希望把页脚放这里 -->
  </footer>
</div>
```

对于这样的情况，<slot> 元素有一个特殊的特性 name，它用来命名插槽。因此可以定义多个名字不同的插槽，例如下面代码：

```
<div class="container">
  <header>
```

```
    <slot name="header"></slot>
  </header>
  <main>
    <slot></slot>
  </main>
  <footer>
    <slot name="footer"></slot>
  </footer>
</div>
```

一个不带 name 的 <slot> 元素，有默认的名字 default。

在向命名插槽提供内容的时候，可以在一个 <template> 元素上使用 v-slot 指令，并以 v-slot 的参数的形式提供其名称：

```
<page-layout>
  <template v-slot:header>
    <h1>这里有一个页面标题</h1>
  </template>
  <p>这里有一段主要内容</p>
  <p>和另一个主要内容</p>
  <template v-slot:footer>
    <p>这是一些联系方式</p>
  </template>
</page-layout>
```

现在 <template> 元素中的所有内容都会被传入相应的插槽。任何没有被包裹在带有 v-slot 的 <template> 中的内容都会被视为默认插槽的内容。

然而，如果希望更明确一些，仍然可以在一个 <template> 中包裹默认命名插槽的内容：

```
<page-layout>
  <template v-slot:header>
    <h1>这里有一个页面标题</h1>
  </template>
  <template v-slot:default>
    <p>这里有一段主要内容</p>
    <p>和另一个主要内容</p>
  </template>
  <template v-slot:footer>
    <p>这是一些联系方式</p>
  </template>
</page-layout>
```

上面两种写法都会渲染出如下代码：

```
<div class="container">
  <header>
    <h3>这里有一个页面标题</h3>
  </header>
  <main>
    <p>这里有一段主要内容</p>
    <p>和另一个主要内容</p>
  </main>
  <footer>
    <p>这是一些联系方式</p>
  </footer>
</div>
```

【例9.15】命名插槽（源代码 \ch09\9.15.html）

```
<div id="app">
    <page-layout>
        <template v-slot:header>
            <h3>这里有一个页面标题</h3>
        </template>
        <template>
            <p>这里有一段主要内容</p>
            <p>和另一个主要内容</p>
        </template>
        <template v-slot:footer>
            <p>这是一些联系方式</p>
        </template>
    </page-layout>
</div>
<script>
    Vue.component('page-layout', {
        template:'
            <div class="container">
                <header>
                    <slot name="header"></slot>
                </header>
                <main>
                    <slot></slot>
                </main>
                <footer>
                    <slot name="footer"></slot>
                </footer>
            </div>
            ',
    })'
    var app= new Vue({
        el:'#app'
    });
</script>
```

在谷歌浏览器中运行程序，效果如图9-17所示。

图9-17 命名插槽

跟v-on和v-bind一样，v-slot也有缩写，即把参数之前的所有内容（v-slot:）替换为字符#。例如下面代码：

```
<page-layout>
    <template #header>
        <h1>这里有一个页面标题</h1>
    </template>
    <template #default>
        <p>这里有一段主要内容</p>
        <p>和另一个主要内容</p>
    </template>
    <template #footer>
        <p>这是一些联系方式</p>
    </template>
</page-layout>
```

9.5.5 作用域插槽

在父级作用域下，在插槽的内容中是无法访问到子组件的数据属性的，但有时候需要在父级的插槽内容中访问子组件的属性，可以在子组件的 <slot> 元素上使用 v-bind 指令绑定一个 prop 属性。

看下面的组件代码：

```
Vue.component('page-layout', {
    data:function(){
        return{
            info:{
                name:'小明',
                age:18,
                sex:"男"
            }
        }
    },
    template:'
        <button>
            <slot v-bind:values="info">
                {{info.name}}
            </slot>
        </button>
    '
});
```

上面代码中的按钮可以显示 info 对象中的任意一个，为了让父组件可以访问 info 对象，在 <slot> 元素上使用 v-bind 指令绑定一个 values 属性，称为插槽 prop，这个 prop 不需要在 props 选项中声明。

在父级作用域下使用该组件时，可以使用 v-slot 指令来设置插槽 prop 的名字。代码如下：

```
<page-layout>
    <template v-slot:default="slotProps">
        {{slotProps.values.name}}
    </template>
</page-layout>
```

因为 <page-layout> 组件内的插槽是默认插槽，所以这里使用其默认的名字，这里设置默认的名字为 slotProps，代表的是包含组件内所有插槽 prop 的一个对象，然后就可以在父组件中利用这个对象访问子组件的插槽 prop，values 是绑定到 info 数据属性上的，所以可以进一步访问 info 的内容。

【例9.16】访问插槽的内容（源代码 \ch09\9.16.html）

```
<div id="app">
    <page-layout>
        <template v-slot:default=
        "slotProps">
            {{slotProps.values.name}}
        </template>
    </page-layout>
</div>
<script>
    Vue.component('page-layout', {
        data:function(){
            return{
                info:{
                    name:'洗衣机',
                    price:8600,
                    city:"上海"
                }
            }
        },
        template:'
            <button>
                <slot v-bind:values=
                "info">
                    {{info.name}}
```

```
            </slot>
          </button>
        ',
    });
    var app= new Vue({
        el:'#app'
    });
</script>
```

在谷歌浏览器中运行程序，效果如图 9-18 所示。

图 9-18　作用域插槽

9.5.6 解构插槽 prop

作用域插槽的内部工作原理是将插槽内容包括在一个传入单个参数的函数里：

```
function (slotProps){
  // 插槽内容
}
```

这意味着 v-slot 的值实际上可以是任何能够作为函数定义中的参数的 JavaScript 表达式。所以在支持的环境下（单文件组件或现代浏览器），也可以使用 ES2015 解构来传入具体的插槽 prop，代码如下：

```
<current-user v-slot="{ user }">
  {{ user.firstName }}
</current-user>
```

这样可以使模板更简洁，尤其是在该插槽提供了多个 prop 的时候。它同样开启了 prop 重命名等其他可能，例如将 user 重命名为 person：

```
<current-user v-slot="{ user:person }">
  {{ person.firstName }}
</current-user>
```

甚至可以定义默认的内容，用于插槽 prop 是 undefined 的情形：

```
<current-user v-slot="{ user = { firstName:'Guest' } }">
  {{ user.firstName }}
</current-user>
```

【例 9.17】解构插槽 prop（源代码 \ch09\9.17.html）

```
<div id="app">
    <current-user>
        <template v-slot="{user:
          person}">
            {{person.firstName }}
        </template>
    </current-user>
</div>
<script>
    Vue.component('currentUser', {
        template:' <span><slot :user="user">{{ user.lastName }}</slot></span>',
        data:function(){
            return {
                user:{
                    firstName:'东方',
                    lastName:'李'
                }
            }
        }
    });
    new Vue({
        el:'#app'
    })
</script>
```

在谷歌浏览器中运行程序，效果如图 9-19 所示。

图 9-19 解构插槽 prop

9.6 综合实训——设计 3D 相册效果

本案例是一个 3D 相册展示页面效果。主页文件的代码如下：

```html
<!DOCTYPE html>
<html>
<head>
<meta charset="UTF-8">
<title></title>
<link rel="stylesheet" href="css/style.css">
</head>
<body>
<div class="grid" id="grid">
  <photo-card img="img/1.jpg" link=""></photo-card>
  <photo-card img="img/2.jpg" link=""></photo-card>
  <photo-card img="img/3.jpg" link=""></photo-card>
  <photo-card img="img/4.jpg" link=""></photo-card>
  <photo-card img="img/5.jpg" link=""></photo-card>
  <photo-card img="img/6.jpg" link=""></photo-card>
</div>
<script type="text/javascript" src='js/vue.min.js'></script>
<script type="text/javascript" src="js/script.js"></script>
</div>
</body>
</html>
```

style.css 相应的样式代码如下：

```css
body {
  margin:0;
  min-height:100vh;
  display:flex;
  flex-direction:column;
  align-items:center;
  justify-content:center;
  background-image:radial-gradient(circle, #fff 30%, #ccc);
  padding:0 40px;
  font-family:"Source Sans Pro", Helvetica, sans-serif;
  font-weight:300;
}

#grid {
  display:grid;
  grid-template-columns:repeat(auto-fill, 150px);
  grid-column-gap:30px;
  grid-row-gap:30px;
  align-items:center;
  justify-content:center;
  width:100%;
  max-width:700px;
```

```css
}
#grid .card {
  background-color:#ccc;
  width:150px;
  height:150px;
  transition:all 0.1s ease;
  border-radius:3px;
  position:relative;
  z-index:1;
  box-shadow:0 0 5px rgba(0, 0, 0, 0);
  overflow:hidden;
  cursor:pointer;
}
#grid .card:hover {
  -webkit-transform:scale(2);
          transform:scale(2);
  z-index:2;
  box-shadow:0 10px 20px rgba(0, 0, 0, 0.4);
}
#grid .card:hover img {
  -webkit-filter:grayscale(0);
          filter:grayscale(0);
}
#grid .card .reflection {
  position:absolute;
  width:100%;
  height:100%;
  z-index:2;
  left:0;
  top:0;
  transition:all 0.1s ease;
  opacity:0;
  mix-blend-mode:soft-light;
}
#grid .card img {
  width:100%;
  height:100%;
  -o-object-fit:cover;
     object-fit:cover;
  -webkit-filter:grayscale(0.65);
          filter:grayscale(0.65);
  transition:all 0.3s ease;
}
```

主要功能实现的文件 script.js 的代码如下：

```js
Vue.component("photo-card", {
  template:'<a class="card"
               :href="link"
               target="_blank"
               ref="card"
               @mousemove="move"
               @mouseleave="leave"
               @mouseover="over">
                 <div class="reflection" ref="refl"></div>
                 <img :src="img"/>
           </a>',
  props:["img", "link"],
  mounted(){},
```

```
    data:() => ({
      debounce:null }),
    methods:{
      over(){
        const refl = this.$refs.refl;
        refl.style.opacity = 1;
      },
      leave(){
        const card = this.$refs.card;
        const refl = this.$refs.refl;
        card.style.transform = 'perspective(500px) scale(1)';
        refl.style.opacity = 0;
      },
      move(){
        const card = this.$refs.card;
        const refl = this.$refs.refl;
        const relX = (event.offsetX + 1) / card.offsetWidth;
        const relY = (event.offsetY + 1) / card.offsetHeight;
        const rotY = `rotateY(${(relX - 0.5) * 60}deg)`;
        const rotX = `rotateX(${(relY - 0.5) * -60}deg)`;
        card.style.transform = `perspective(500px) scale(2) ${rotY} ${rotX}`;
        const lightX = this.scale(relX, 0, 1, 150, -50);
        const lightY = this.scale(relY, 0, 1, 30, -100);
        const lightConstrain = Math.min(Math.max(relY, 0.3), 0.7);
        const lightOpacity = this.scale(lightConstrain, 0.3, 1, 1, 0) * 255;
          const lightShade = `rgba(${lightOpacity}, ${lightOpacity},
          ${lightOpacity}, 1)`;
        const lightShadeBlack = 'rgba(0, 0, 0, 1)';
          refl.style.backgroundImage = `radial-gradient(circle at ${lightX}%
          ${lightY}%, ${lightShade} 20%, ${lightShadeBlack})`;
      },
      scale:(val, inMin, inMax, outMin, outMax) =>
      outMin + (val - inMin) * (outMax - outMin) / (inMax - inMin) } });
const app = new Vue({
  el:"#grid" });
```

在谷歌浏览器中运行程序，效果如图 9-20 所示。

图 9-20　3D 相册效果

9.7 新手疑难问题解答

▌疑问 1：Vue.js 如何实现多标签页面？

在页面应用程序中，经常需要设计多标签页面。在 Vue.js 中，可以通过动态组件来实现。动态切换时通过 <component> 元素的 is 属性来实现。

▌疑问 2：组件的生命周期是什么？

组件实例从创建到销毁，中间经历以下几个阶段。

1. beforeCreate

在实例初始化以后，数据观测和事件配置之前被调用。

2. created

在实例创建完成立刻调用。在这一阶段，实例已经完成对选项的处理。

3. beforeMount

在实例被挂载开始之前调用：render 函数将首次被调用。此时 DOM 还无法操作。

4. mounted

在实例被挂载后调用，其中 el 被新创建的 vm.$el 替换。

5. beforeUpdate

在修补 DOM 之前，当数据更改时调用。

6. updated

在数据更改导致的虚拟 DOM 被重新渲染和修补后调用该钩子函数。

7. activated

当 keep-alive 组件激活时调用。

8. deactivated

当 keep-alive 组件停用时调用。

9. beforeDestroy

在 Vue 实例被销毁之前调用。

10. destroyed

在 Vue 实例被销毁之后调用。

第10章 玩转过渡和动画

Vue 在插入、更新或者移除 DOM 时,提供了多种不同方式的应用过渡效果。包括以下工具。

(1)在 CSS 过渡和动画中自动应用 class。
(2)可以配合使用第三方 CSS 动画库,如 Animate.css。
(3)在过渡钩子函数中使用 JavaScript 直接操作 DOM。
(4)可以配合使用第三方 JavaScript 动画库,如 Velocity.js。

为什么网页需要添加过渡和动画效果?因为过渡和动画能够提高用户的体验,帮助用户更好地理解页面中的功能。本章将重点学习如何设计过渡和动画效果。

10.1 单元素/组件的过渡

Vue 提供了 transition 的封装组件,在下列情形中,可以给任何元素和组件添加进入/离开过渡。

(1)条件渲染(使用 v-if)。
(2)条件展示(使用 v-show)。
(3)动态组件。
(4)组件根节点。

10.1.1 CSS 过渡

常用的过渡都是使用 CSS 过渡。下面是一个没有使用过渡效果的案例,通过一个按钮控制 p 元素显示和隐藏。

【例 10.1】无过渡效果(源代码 \ch10\10.1.html)

```
<div id="app">
    <button v-on:click="show = !show">
        古诗欣赏
    </button>
    <p v-if="!show">江流宛转绕芳甸,月照花林皆似霰。</p>
    <p v-if="!show">江畔何人初见月?江月何年初照人?</p>
</div>
<script>
    var app=new Vue({
        el:'#app',
        data:{
            show:true
        }
    })
</script>
```

在谷歌浏览器中运行程序,单击"古诗欣赏"按钮,效果如图 10-1 所示。

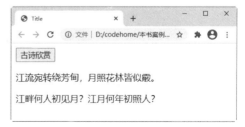

图 10-1 无过渡效果

当单击"古诗欣赏"按钮时，会发现 <p> 标签出现或者消失，但没有过渡效果，给用户体验不太好。可以使用 Vue 的 transition 组件来实现消失或者隐藏的过渡效果。使用 Vue 过渡的时候，首先把过渡的元素添加到 transition 组件中。.v-enter、.v-leave-to、.v-enter-active 和 .v-leave-active 样式是定义动画的过渡样式。

【例 10.2】添加 CSS 过渡效果（源代码\ch10\10.2.html）

```html
<style>
    /*v-enter-active入场动画的时间段*/
    /*v-leave-active离场动画的时间段*/
        .v-enter-active, .v-leave-active{
            transition:all .5s ease;
        }
    /*v-enter: 是一个时间点，进入之前，元素的起始状态，此时还没有进入*/
    /*v-leave-to: 是一个时间点，是动画离开之后，离开的终止状态，此时元素动画已经结束*/
        .v-enter, .v-leave-to{
            opacity:0.2;
            transform:translateY(200px);
        }
</style>
<div id="app">
    <button v-on:click="show = !show">
        古诗欣赏
    </button>
    <transition>
        <p v-if="!show">鸿雁长飞光不度，鱼龙潜跃水成文。</p>
    </transition>
</div>
<script>
    var app=new Vue({
        el:'#app',
        data:{
            show:true
        }
    })
</script>
```

在谷歌浏览器中运行程序，单击"古诗欣赏"按钮，可以发现，p 元素在下侧 200px 的位置开始，透明度为 0.2，效果如图 10-2 所示；然后过渡到初始的位置，效果如图 10-3 所示。

图 10-2　过渡效果

图 10-3　显示内容

10.1.2　过渡的类名

在进入 / 离开的过渡中，会有 6 个 class 切换。

（1）v-enter：定义进入过渡的开始状态。在元素被插入之前生效，在元素被插入之后下一帧移除。

（2）v-enter-to：定义进入过渡的结束状态。在元素被插入之后下一帧生效（与此同时 v-enter 被移除），在过渡 / 动画完成之后移除。

（3）v-enter-active：定义进入过渡生效时的状态。在整个进入过渡的阶段中应用，在元素被插入之前生效，在过渡 / 动画完成之后移除。这个类可以用来定义进入过渡的过程时间、延迟和曲线函数。

（4）v-leave：定义离开过渡的开始状态。在离开过渡被触发时立刻生效，下一帧被移除。

（5）v-leave-to：定义离开过渡的结束状态。在离开过渡被触发之后下一帧生效（与此同时 v-leave 被删除），在过渡/动画完成之后移除。

（6）v-leave-active：定义离开过渡生效时的状态。在整个离开过渡的阶段中应用，在离开过渡被触发时立刻生效，在过渡/动画完成之后移除。这个类可以用来定义离开过渡的过程时间、延迟和曲线函数。

一个过渡效果包括两个阶段，一个是进入动画（Enter），另一个是离开动画（Leave）。

进入动画包括 v-enter 和 v-enter-to 两个时间点和一个时间段 v-enter-active。离开动画包括 v-leave 和 v-leave-to 两个时间点和一个时间段 v-leave-active。具体如图 10-4 所示。

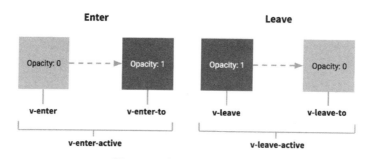

图 10-4　过渡动画的时间点

定义过渡时，首先使用 transition 元素，把需要被过渡控制的元素包裹起来，然后自定义两组样式，来控制 transition 内部的元素实现过渡。

在上面的案例中，如果再想实现一个上下移动的过渡，应如何实现呢？不可能公用同样的过渡样式。

对于这些在过渡中切换的类名来说，如果使用一个没有名字的 `<transition>`，则 v- 是这些类名的默认前缀。上面案例中定义的样式，在所有动画中都会公用，显然这不是我们想要的，transition 有一个 name 属性，可以通过它来更改过渡样式的名称。如果使用了 `<transition name="my-transition">`，那么 v-enter 会替换为 my-transition-enter。这样做的好处就是区分每个不同的过渡和动画。

下面实现通过一个按钮来触发两个过渡效果，一个从右侧 150px 的位置开始，一个从下面 200px 的位置开始。

【例 10.3】多个过渡效果（源代码 \ch10\10.3.html）

```
<style>
    .v-enter-active, .v-leave-active {
        transition:all 0.5s ease;
    }
    .v-enter, .v-leave-to{
        opacity:0.2;
        transform:translateX(150px);
    }
    .my-transition-enter-active, .my-transition-leave-active {
        transition:all 0.8s ease;
    }
    .my-transition-enter, .my-transition-leave-to{
        opacity:0.2;
        transform:translateY(200px);
    }
</style>
<div id="app">
    <button v-on:click="show = !show">
        古诗欣赏
    </button>
```

```
        <transition>
            <p v-if="!show">江水流春去欲
尽</p>
        </transition>
                <transition name="my-
transition">
            <p v-if="!show">江潭落月复西
斜</p>
        </transition>
    </div>
```

```
<script>
    var app=new Vue({
        el:'#app',
        data:{
            show:true
        }
    })
</script>
```

在谷歌浏览器中运行程序,单击"古诗欣赏"按钮,触发两个过渡效果,如图 10-5 所示;最终状态如图 10-6 所示。

图 10-5　多个过渡效果图

图 10-6　最终状态

10.1.3　CSS 动画

CSS 动画的用法同 CSS 过渡差不多,区别是:在动画中,v-enter 类名在节点插入 DOM 后不会立即删除,而是在 animationend 事件触发时删除。

【例 10.4】CSS 动画(源代码 \ch10\10.4.html)

```
<style>
        /*进入动画阶段*/
        .my-enter-active {
            animation:my-in .5s;
        }
        /*离开动画阶段*/
        .my-leave-active {
            animation:my-in .5s
            reverse;
        }
        /*定义动画my-in*/
        @keyframes my-in {
            0% {
                transform:scale(0);
            }
            50% {
                transform:scale(1.5);
            }
            100% {
                transform:scale(1);
            }
        }
</style>
<div id="app">
        <button @click="show = !show">春江花月夜</button>
        <transition name="my">
            <p v-if="show">不知乘月几人归,落月摇情满江树。</p>
        </transition>
</div>
<script>
        new Vue({
            el:'#app',
            data:{
                show:true
            }
        })
</script>
```

在谷歌浏览器中运行程序,单击"春江花月夜"按钮时,触发CSS动画,效果如图10-7所示。

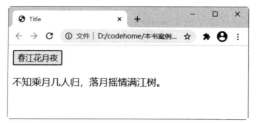

图 10-7　CSS 动画效果

10.1.4　自定义过渡的类名

可以通过以下 attribute 来自定义过渡类名。

（1）enter-class。

（2）enter-active-class。

（3）enter-to-class。

（4）leave-class。

（5）leave-active-class。

（6）leave-to-class。

它们的优先级高于普通的类名,这对于 Vue 的过渡系统和其他第三方 CSS 动画库,如 animate.css 结合使用十分有用。

下面在 transition 组件中使用 enter-active-class 和 leave-active-class 类,结合 animate.css 动画库实现动画效果。

【例 10.5】自定义过渡的类名（源代码 \ch10\10.5.html）

```
<link href="https://cdn.jsdelivr.net/npm/animate.css@3.5.1" rel="stylesheet" type="text/css">
<div id="app">
    <button @click="show = !show">
        古诗欣赏
    </button>
<!--    enter-active-class:控制动画的进入-->
<!--    leave-active-class:控制动画的离开-->
<!--animated 类似于全局变量,它定义了动画的持续时间-->
<!--bounceInUp和slideInRight是具体的动画效果的名称,可以选择任意的效果-->
    <transition
            enter-active-class="animated bounceInUp"
            leave-active-class="animated slideInRight"
    >
        <p v-if="show">江水流春去欲尽,江潭落月复西斜。</p>
    </transition>
</div>
<script>
    new Vue({
        el:'#app',
        data:{
            show:true
        }
    })
```

```
</script>
```

在谷歌浏览器中运行程序,单击"古诗欣赏"按钮,触发进入动画,效果如图 10-8 所示;再次单击"古诗欣赏"按钮时触发离开动画,效果如图 10-9 所示。

图 10-8 进入动画效果

图 10-9 离开动画效果

10.1.5 动画的 JavaScript 钩子函数

可以在 <transition> 组件中声明 JavaScript 钩子,它们以属性的形式存在。例如下面代码:

```
<transition
        //进入动画钩子函数
//:before-enter表示动画入场之前,此时动画还未开始,可以在其中设置元素开始动画之前的起始样式
        v-on:before-enter="beforeEnter"
//:enter表示动画开始之后的样式,可以设置完成动画的结束状态
        v-on:enter="enter"
//:after-enter表示动画完成之后的状态
        v-on:after-enter="afterEnter"
//:enter-cancelled用于取消开始动画的起始样式
        v-on:enter-cancelled="enterCancelled"

        //离开动画钩子函数,离开动画和进入动画的钩子函数说明类似
        v-on:before-leave="beforeLeave"
        v-on:leave="leave"
        v-on:after-leave="afterLeave"
        v-on:leave-cancelled="leaveCancelled"
>
    <!-- ... -->
</transition>
```

然后在 Vue 实例的 methods 选项中定义钩子函数的方法:

```
new Vue({
        el:"#app",
        methods:{
            // 进入中
            beforeEnter:function (el){
                // ...
            },
            // 当与 CSS 结合使用时
            // 回调函数 done 是可选的
            enter:function (el, done){
                // ...
                done()
```

```
            },
            afterEnter:function (el){
                // ...
            },
            enterCancelled:function (el){
                // ...
            },
            // 离开时
            beforeLeave:function (el){
                // ...
            },
            // 当与 CSS 结合使用时
            // 回调函数 done 是可选的
            leave:function (el, done){
                // ...
                done()
            },
            afterLeave:function (el){
                // ...
            },
            // leaveCancelled 只用于 v-show 中
            leaveCancelled:function (el){
                // ...
            }
        }
    })
```

这些钩子函数可以结合 CSS transitions/animations 使用，也可以单独使用。

> **大牛提醒：** 当只用 JavaScript 过渡的时候，在 enter 和 leave 中必须使用 done 进行回调。否则，它们将被同步调用，过渡会立即完成。对于仅使用 JavaScript 过渡的元素推荐添加 v-bind:css="false"，使 Vue 跳过 CSS 的检测。这也可以避免过渡过程中 CSS 的影响。

下面使用 velocity.js 动画库结合动画钩子函数来实现一个简单例子。

【例10.6】JavaScript 钩子函数（源代码\ch10\10.6.html）

```html
<!--Velocity和jQuery.animate 的工作
方式类似，也是用来实现JavaScript动画的一个很
棒的选择-->
<script src="velocity.js"></script>
<div id="app">
    <button @click="show = !show">
        古诗欣赏
    </button>
    <transition
        v-on:before-enter=
        "beforeEnter"
        v-on:enter="enter"
        v-on:leave="leave"
        v-bind:css="false"
    >
        <p v-if="show">
            玉户帘中卷不去，捣衣砧上拂
            还来。
        </p>
    </transition>
</div>
<script>
    new Vue({
        el:'#app',
        data:{
            show:false
        },
        methods:{
            // 进入动画之前的样式
            beforeEnter:function (el){
                // 注意：动画钩子函数的第
//一个参数：el，表示要执行动画的那个DOM元素
//是个原生的JS DOM对象
                // 可以认为，el是通过
//document.getElementById('')方式获取到的
//原生JS DOM对象
                el.style.opacity = 0;
                el.style.transformOrigin = 'left';
            },
            // 进入时的动画
```

```
                enter:function (el, done){                    rotateZ:'100deg' }, { loop:5 });
                    Velocity(el,                                  Velocity(el, {
{ opacity:1, fontSize:'2em' }, {                                    rotateZ:'45deg',
duration:300 });                                                    translateY:'30px',
                    Velocity(el, {                                  translateX:'30px',
fontSize:'1em' }, { complete:done });                               opacity:0
                },                                              }, { complete:done })
                //离开时的动画                                }
                leave:function (el, done)                  }
{                                                      })
                    Velocity(el, {                     </script>
translateX:'15px', rotateZ:'50deg' }, {
duration:600 });
                    Velocity(el, {
```

在谷歌浏览器中运行程序,单击"古诗欣赏"按钮,进入到动画,效果如图 10-10 所示;再次单击"古诗欣赏"按钮,离开动画,效果如图 10-11 所示。

图 10-10　进入动画效果

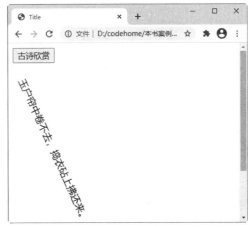

图 10-11　离开动画效果

可以配置 Velocity 动画的选项如下:

```
duration:400,            //动画执行时间
easing:"swing",          //缓动效果
queue:"",                //队列
begin:undefined,         //动画开始时的回调函数
progress:undefined,      //动画执行中的回调函数(该函数会随着动画执行被不断触发)
complete:undefined,      //动画结束时的回调函数
display:undefined,       //动画结束时设置元素的css display属性
visibility:undefined,    //动画结束时设置元素的css visibility属性
loop:false,              //循环次数
delay:false,             //延迟
mobileHA:true            //移动端硬件加速(默认开启)
```

10.2　初始渲染的过渡

可以通过 appear 属性设置节点在初始渲染时的过渡效果:

```
<transition appear>
  <!-- ... -->
</transition>
```

这里默认和进入/离开过渡效果一样，同样也可以自定义 CSS 类名。

```
<transition
  appear
  appear-class="custom-appear-class"
  appear-to-class="custom-appear-to-class"
  appear-active-class="custom-appear-active-class"
>
<!-- ... -->
</transition>
```

【例 10.7】 appear 属性（源代码 \ch10\10.7.html）

```
<style>
    .custom-appear{
        font-size:50px;
        color:#c65ee2;
        background:#3d9de2;
    }
    .custom-appear-to{
        color:#e26346;
        background:#488913;
    }
    .custom-appear-active{
        color:#2fe26d;
        background:#a9b0b6;
        transition:all 1s ease;
    }
</style>
```

```
<div id="app">
    <transition
        appear
        appear-class="custom-appear"
        appear-to-class=
"custom-appear-to"
        appear-active-class=
"custom-appear-active"
    >
        <p>昨夜闲潭梦落花，可怜春半不还家。</p>
    </transition>
</div>
<script>
    new Vue({
        el:"#app"
    })
</script>
```

在谷歌浏览器中运行程序，页面已加载就会执行初始渲染的过渡的样式，效果如图 10-12 所示，最后恢复原来的样子，如图 10-13 所示。

图 10-12　初始渲染时的过渡效果

图 10-13　显示内容

还可以自定义 JavaScript 钩子函数：

```
<transition
  appear
  v-on:before-appear="customBeforeAppearHook"
  v-on:appear="customAppearHook"
  v-on:after-appear="customAfterAppearHook"
  v-on:appear-cancelled="customAppearCancelledHook"
>
    <!-- ... -->
</transition>
```

在上面的例子中，无论是 appear 属性还是 v-on:appear 钩子都会生成初始渲染过渡效果。

10.3 多个元素的过渡

最常见的多标签过渡是一个列表和描述这个列表为空消息的元素:

```
<transition>
  <table v-if="items.length > 0">
    <!-- ... -->
  </table>
  <p v-else>Sorry, no items found.</p>
</transition>
```

> **大牛提醒**:当有相同标签名的元素切换时,需要通过 key 属性设置一个唯一的值来标记,以让 Vue 区分它们。否则 Vue 为了效率只会替换相同标签内部的内容。例如下面代码:
>
> ```
> <transition>
>   <button v-if="isEditing" key="save">
>     Save
>   </button>
>   <button v-else key="edit">
>     Edit
>   </button>
> </transition>
> ```

在一些场景中,也可以通过给同一个元素的 key attribute 设置不同的状态来代替 v-if 和 v-else,上面的例子可以重写为:

```
<transition>
  <button v-bind:key="isEditing">
    {{ isEditing ? 'Save':'Edit' }}
  </button>
</transition>
```

可以将使用多个 v-if 的多个元素的过渡重写为绑定了动态 property 的单个元素过渡。例如:

```
<transition>
  <button v-if="docState === 'saved'" key="saved">
    Edit
  </button>
  <button v-if="docState === 'edited'" key="edited">
    Save
  </button>
  <button v-if="docState === 'editing'" key="editing">
    Cancel
  </button>
</transition>
```

可以重写为:

```
<transition>
  <button v-bind:key="docState">
    {{ buttonMessage }}
  </button>
</transition>
computed:{
  buttonMessage:function (){
    switch (this.docState){
```

```
            case 'saved':return 'Edit'
            case 'edited':return 'Save'
            case 'editing':return 'Cancel'
        }
    }
}
```

10.4 列表过渡

前面介绍了使用 transition 组件实现过渡和动画效果，而渲染整个列表则使用 <transition-group> 组件。

<transition-group> 组件有以下几个特点。

（1）不同于 <transition>，它会以一个真实元素呈现：默认为是一个 <span>。也可以通过 tag 属性更换为其他元素。

（2）过渡模式不可用，因为我们不再切换特有的元素。

（3）内部元素总是需要提供唯一的 key 属性值。

（4）CSS 过渡的类将会应用在内部的元素中，而不是这个组/容器本身。

10.4.1 列表的进入/离开过渡

下面通过一个例子来学习如何设计列表的进入/离开过渡效果。

【例 10.8】列表的进入/离开过渡（源代码 \ch10\10.8.html）

```
<style>
    .list-item {
        display:inline-block;
        margin-right:10px;
    }
    .list-enter-active, .list-leave-active {
        transition:all 1s;
    }
    .list-enter, .list-leave-to{
        opacity:0;
        transform:translateY(30px);
    }
</style>
<div id="app" class="demo">
    <button v-on:click="add">添加</button>
    <button v-on:click="remove">移除</button>
    <transition-group name="list" tag="p">
        <span v-for="item in items" v-bind:key="item" class="list-item">
            {{ item }}
        </span>
    </transition-group>
</div>
```

```
<script>
    new Vue({
        el:"#app",
        data:{
            items:[10,20,30,40,50,60,70,80,90],
            nextNum:10
        },
        methods:{
            randomIndex:function (){
                return Math.floor(Math.random() * this.items.length)
            },
            add:function (){
                this.items.splice(this.randomIndex(), 0, this.nextNum++)
            },
            remove:function (){
                this.items.splice(this.randomIndex(),1)
            },
        }
    })
</script>
```

在谷歌浏览器中运行程序，单击"添加"按钮，向数组中添加内容，触发进入效果，效果如图 10-14 所示；单击"移除"按钮删除一个数，触发离开效果，效果如图 10-15 所示。

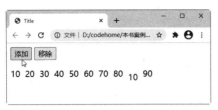
图 10-14 添加效果

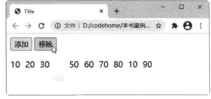
图 10-15 删除效果

这个例子有个问题,当添加和移除元素的时候,周围的元素会瞬间改变布局的位置,而不是平滑地过渡,在下面小节会解决这个问题。

10.4.2 列表的排序过渡

<transition-group> 组件还有一个特殊之处。不仅可以进入和离开动画,还可以改变定位。要使用这个新功能只需了解新增的 v-move class,它会在元素改变定位的过程中应用。与之前的类名一样,可以通过 name 属性来自定义前缀,也可以通过 move-class 属性手动设置。

v-move 对于设置过渡的切换时机和过渡曲线非常有用。

【例 10.9】列表的排序过渡(源代码\ch10\10.9.html)

```
<script src="lodash.js"></script>
<style>
        .flip-list-move {
            transition:transform 1s;
        }
    </style>
<div id="app" class="demo">
        <button v-on:click="shuffle">排序过渡</button>
        <transition-group name="flip-list" tag="ul">
            <li v-for="item in items" v-bind:key="item">
                {{ item }}
            </li>
        </transition-group>
</div>
<script>
    new Vue({
        el:"#app",
        data:{
            items:[10,20,30,40,50,60,70,80,90],
            nextNum:10
        },
        methods:{
            shuffle:function (){
                this.items = _.shuffle(this.items)
            }
        }
    })
</script>
```

在谷歌浏览器中运行程序,效果如图 10-16 所示;单击"排序过渡"按钮,将会重新排列数字顺序,效果如图 10-17 所示。

图 10-16 页面加载效果

图 10-17 重新排列效果

在上面的案例中，Vue 使用了一个名为 flip 的简单的动画队列，使用其中的 transforms 将元素从之前的位置平滑过渡到新的位置。

10.4.3 列表的交错过渡

通过 data 选项与 JavaScript 通信，就可以实现列表的交错过渡，下面通过一个过滤器的案例看一下效果。

【例 10.10】列表的交错过渡（源代码\ch10\10.10.html）

```
<script src="velocity.js"></script>
<div id="app" class="demo">
    <input v-model="query">
    <transition-group
            name="staggered-fade"
            tag="ul"
            v-bind:css="false"
            v-on:before-enter="beforeEnter"
            v-on:enter="enter"
            v-on:leave="leave">
    <liv-for="(item, index) in computedList"
         v-bind:key="item.msg"
         v-bind:data-index="index"
         >{{ item.msg }}</li>
    </transition-group>
</div>
<script>
    new Vue({
        el:"#app",
        data:{
            query:'',
            list:[
                { msg:'China' },
                { msg:'America'},
                { msg:'Japan'},
                { msg:'Korea' },
                { msg:'Russia'}
            ]
        },
        computed:{
            computedList:function (){
                var vm = this
                return this.list.filter(function (item){
                    return item.msg.toLowerCase().indexOf(vm.query.toLowerCase()) !== -1
                })
            }
        },
        methods:{
            beforeEnter:function (el){
                el.style.opacity = 0
                el.style.height = 0
            },
            enter:function (el, done){
                var delay = el.dataset.index * 150
                setTimeout(function (){
                    Velocity(
                        el,
                        { opacity:1, height:'1.6em' },
                        { complete:done }
                    )
                }, delay)
            },
            leave:function (el, done){
                var delay = el.dataset.index * 150
                setTimeout(function (){
                    Velocity(
                        el,
                        { opacity:0, height:0 },
                        { complete:done }
                    )
                }, delay)
            }
        }
    })
</script>
```

在谷歌浏览器中运行程序，效果如图 10-18 所示，在输入框中输入 C，可以发现过滤掉了不带 C 的选项，如图 10-19 所示。

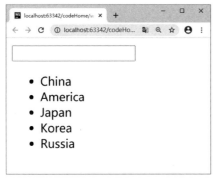

| 图 10-18　页面加载效果 | 图 10-19　过滤掉一些数据 |

10.5　综合实训——数字阶梯排序动画

本案例使用 Vue 过渡动画，实现数字阶梯冒泡排序的过渡动画效果。其中主文件的代码如下：

```
<!DOCTYPE html>
<html >
<head>
<meta charset="UTF-8">
<title>数字阶梯排序动画特效</title>
<link rel="stylesheet" href="css/style.css">
</head>
<body>

<div id="app">
    <div class="cards">
        <sort-card v-for="(card, index) in store.state.cards" :key="index" :value="card.value"  :sort-index="card.sortIndex" :is-active="card.isActive" :is-locked="card.isLocked"></sort-card>
    </div>
    <div class="control-panel">

        <button aria-label="Reset" v-if="store.state.done" @click="reset(SORT_ARRAY)">
            <i class="fa fa-refresh" aria-hidden="true"></i>
        </button>
    </div>
</div>

<script type="text/x-template" id="sort-card-template">
    <!-- 绑定内联样式，通过 height 和 transform 来显示不同的div -->
    <div class="card-wrapper" :data-sort-index="sortIndex" v-bind:style="{height:value * HEIGHT_INCREMENT + 'px',transform:'translateX('+sortIndex*100+'%)'}">
        <!-- 通过改变class来改变颜色 -->
        <div class="card" :class="cardClassObject">
        <div class="value">{{value}}</div>
        </div>
    </div>
</script>
<script src='js/vue.min.js'></script>
<script src='js/vuex.min.js'></script>
```

```
<script src="js/index.js"></script>
</body>
</html>
```

style.css 相应的样式代码如下:

```css
@import url("https://maxcdn.bootstrapcdn.com/font-awesome/4.7.0/css/font-
 awesome.min.css");
*, *::before, *::after {
  box-sizing:border-box;
}

html {
  font:700 16px/1 'Titillium Web', sans-serif;
}

body {
  margin:40px 0;
  color:#fff;
  background-color:#000;
}

#app {
  width:640px;
  margin:0 auto;
}

.cards {
  position:relative;
  height:400px;
}

.card-wrapper {
  position:absolute;
  bottom:0;
  width:6.25%;
  transition:-webkit-transform 200ms cubic-bezier(0.175, 0.885, 0.32, 1.275);
  transition:transform 200ms cubic-bezier(0.175,0.885,0.32,1.275);
    transition:transform 200ms cubic-bezier(0.175,0.885,0.32,1.275), -webkit-
    transform 200ms cubic-bezier(0.175,0.885,0.32,1.275);
}

.card {
  position:relative;
  height:100%;
  margin:0 5px;
  border:1px solid #ff3179;
  background-color:#000;
  box-shadow:0 0 25px #c2255c;
}

.card-active {
  -webkit-filter:hue-rotate(200deg);
          filter:hue-rotate(200deg);
}

.card-locked {
  -webkit-filter:hue-rotate(280deg);
          filter:hue-rotate(280deg);
}
```

```css
.value {
  position:absolute;
  bottom:5px;
  left:0;
  right:0;
  text-align:center;
  font-size:1.25rem;
}

.control-panel {
  display:flex;
  align-items:center;
  justify-content:space-between;
  margin:30px 5px 0;
  padding-top:20px;
  border-top:1px solid #fff;
}

h1 {
  margin:0;
  font-size:2.5rem;
}

button {
  -webkit-appearance:none;
     -moz-appearance:none;
          appearance:none;
  background:none;
  border:none;
  color:#ff3179;
  font-size:1.5rem;
  cursor:pointer;
}

@media only screen and (min-width:880px){
  #app {
    width:800px;
  }

  .value {
    font-size:1.5rem;
  }
}
@media only screen and (min-width:1084px){
  #app {
    width:1024px;
  }

  .value {
    font-size:1.75rem;
  }
}
```

主要功能实现的文件 index.js 的代码如下：

```
const EVENT_DELAY = 200; // 交换的过渡时间
const HEIGHT_INCREMENT = 20; //高度的增量，数组的某一个值 * 增量 = 长方形高度
const SORT_ARRAY = [16,11,4,5,3,7,10,8,9,2,1];  // 进行冒泡排序的数组
```

```js
        const store = new Vuex.Store({
          state:{
            values:[], // 值为 SORT_ARRAY 的副本
            cards:[],
// 可视化需要的数组,就是每一个长方形(div元素),数组的每一个值都代表一个div元素
            done:true, // 表示是否排序完成,为true时,右下角出现重置按钮

            // strValues 用来解决数组中出现重复的值,移动位置不对的情况
            strValues:[], // 数组的一个副本,会将数组的值与下标拼起来,形成唯一的一个字符串
          },

          mutations:{
            // 重置,重新开始排序
            reset (state, payload){
              state.values = payload.values;
              // 遍历state.values,把state.values的每个值和下标拼接,形成唯一的字符串
              // 值和下标中间加上一个符号,确保是唯一的,注意符号不能用""空字符串
              state.values.forEach((item,i)=>state.strValues.push(item+'&'+i));

              // 往 state.cards 中添加对象,每个对象都代表一个需要排序的长方形(div元素)
              state.cards = [];
              for (let i = 0; i < state.values.length; i++){
                state.cards.push({
                  value:state.values[i], // 数组中的值
                  strValue:state.strValues[i], //数组中的值和下标拼接的字符串
                  sortIndex:i, // 排序的索引
                  isActive:false, // 是否激活
                  isLocked:false  // 是否锁定
                });
              }

              state.done = false;
            },

            // 交换
            swap (state, payload){
              let a = payload.indexes[0];
              let b = payload.indexes[1];
              let temp = state.values[a];

              // 交换真实的值
              state.values[a] = state.values[b];
              state.values[b] = temp;

              // 交换数组中的值和下标拼接的字符串
              let temp2 = state.strValues[a];
              state.strValues[a] = state.strValues[b];
              state.strValues[b] = temp2;

              // 重新定义state.cards的每个成员的sortIndex属性
              state.cards.forEach((card) => {
                  card.sortIndex =state.strValues.indexOf(card.strValue);
              });
            },

            // 激活
            // 用参数payload的indexes属性中的所有成员,与state.cards的每个成员(card)的
//sortIndex属性进行匹配,如果找到相等的,就将state.cards 的成员(card)的isActive设置为true
            activate (state, payload){
```

```js
            payload.indexes.forEach((index) => {
                state.cards.forEach((card) => {
                    if(card.sortIndex === index) card.isActive = true;
                });
            });
        },

        // 释放
        // 用参数payload的indexes属性中的所有成员，与state.cards 的每个成员（card）的
        //sortIndex属性进行匹配，如果找到相等的，就将state.cards 的成员（card）的isActive设置为false
        deactivate (state, payload){
            payload.indexes.forEach((index) => {
                state.cards.forEach((card) => {
                    if(card.sortIndex === index) card.isActive = false;
                });
            });
        },

        // 锁定
        // 用参数payload的indexes属性中所有成员，与state.cards 的每个成员（card）的
        //sortIndex属性进行匹配，如果找到相等的，就将state.cards 的成员（card）的isLocked设置为true
        lock (state, payload){
            payload.indexes.forEach((index) => {
                state.cards.forEach((card) => {
                    if(card.sortIndex === index) card.isLocked = true;
                });
            });
        },

        // 完成
        done (state){
            state.done = true;
        }
    }
});

Vue.component('sort-card', {
    template:'#sort-card-template',
    props:['value', 'sortIndex', 'isActive', 'isLocked'],
    computed:{
        cardClassObject(){
            return {
                'card-active':this.isActive,
                'card-locked':this.isLocked
            }
        }
    }
});

new Vue({
    el:'#app',
    store,
    created(){
        this.reset(SORT_ARRAY);
    },
    methods:{
        // 重置
        reset(arr){
            // 获取传入数组的一个副本，因为重置功能不改变原数组
```

```js
      let values = arr.slice();
      store.commit({ type:'reset', values:values });

      // 排序数组，返回一个包括每步的值和每步状态的数组
      let sequence = this.bubbleSort(values);

      // 遍历上面排序得到的数组，定时执行操作，实现动画效果
      sequence.forEach((event, index) => {
        setTimeout(() => { store.commit(event); }, index * EVENT_DELAY);
      });
    },

    // 冒泡排序方法，返回包括每一步的数组
    bubbleSort(values){
      // sequence 为包括每一步内容的数组
      let sequence = [];
      // swapped 为判断是否已经排序好的标志位
      let swapped;
      // indexLastUnsorted 用来减少不必要的循环
      let indexLastUnsorted = values.length - 1;

      do {
        swapped = false;
        for (let i = 0; i < indexLastUnsorted; i++){
          // card 是 state.cards 的一个成员
          // 开始一次循环，就有两个card 的 isActive的值设置为true
          sequence.push({ type:'activate', indexes:[i, i + 1] });

          // 如果前一个数大于后一个数，就交换两数
          if (values[i] > values[i + 1]){
            let temp = values[i];
            values[i] = values[i + 1];
            values[i + 1] = temp;
            swapped = true;
            // 满足交换的条件，就重新定义所有card的sortIndex属性
            sequence.push({ type:'swap', indexes:[i, i + 1] });
          }
          // 结束这次循环之前，把原来两个card的值为true的isActive，设置为false
          sequence.push({ type:'deactivate', indexes:[i, i + 1] });
        }
        // 外层循环，每循环完一次，就锁定最后一个card，下次这个card 不参与循环
        sequence.push({ type:'lock', indexes:[indexLastUnsorted] });
        indexLastUnsorted--;
      } while (swapped);

      // 如果提前排序好，把剩下的card全部锁定
      let skipped = Array.from(Array(indexLastUnsorted + 1).keys());
      sequence.push({ type:'lock', indexes:skipped });
      // 修改done 为true，完成排序
      sequence.push({ type:'done' });
      console.log('包括每一步内容的数组',sequence);
      return sequence;
    }
  }
});
```

在谷歌浏览器中运行程序，效果如图 10-20 所示。

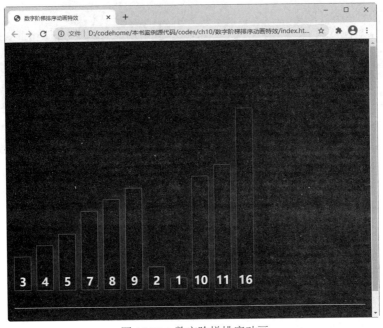

图 10-20　数字阶梯排序动画

10.6　新手疑难问题解答

▌疑问 1：如何同时使用过渡和动画？

Vue 为了知道过渡是否已经完成，必须设置相应的事件监听器。它可以是 transitionend 或 animationend，这取决于给元素应用的 CSS 规则。使用其中任何一种，Vue 都能自动识别类型并设置监听。

但是，在一些场景中，需要给同一个元素同时设置两种过渡动画，比如 animation 很快被触发并完成了，而 transition 效果还没结束。在这种情况下，就需要使用 type 属性并设置 animation 或 transition，来明确声明需要的 Vue 监听的类型。

▌疑问 2：如何设置过渡的持续时间？

在很多情况下，Vue 可以自动得出过渡效果的完成时间。默认情况下，Vue 会等待其在过渡效果的根元素的第一个 transitionend 或 animationend 事件。然而也可以不这样设定——比如，可以拥有一个精心编排的一系列过渡效果，其中一些嵌套的内部元素相比于过渡效果的根元素有延迟的或更长的过渡效果。

在这种情况下可以用 <transition> 组件上的 duration prop 定制一个显性的过渡持续时间（以毫秒计）：

```
<transition :duration="1000">...</transition>
```

也可以定制进入和移出的持续时间：

```
<transition :duration="{ enter:500, leave:800 }">...</transition>
```

第11章 脚手架Vue CLI

开发大型单页面应用时，需要考虑项目的组织结构、项目构建、部署、热加载等问题，这些工作非常耗费时间，影响项目的开发效率。为此，这里将介绍一些能够创建脚手架的工具。脚手架致力于将 Vue 生态中的工具基础标准化。它确保了各种构建工具能够基于智能的默认配置平稳衔接，这样可以专注在开发应用的核心业务上，而不必花时间去纠结配置的问题。

11.1 脚手架的组件

Vue CLI 是一个基于 Vue.js 进行快速开发的完整系统，提供以下功能。

（1）通过 @vue/cli 搭建交互式的项目脚手架。

（2）通过 @vue/cli + @vue/cli-service-global 快速开始零配置原型开发。

（3）一个运行时的依赖（@vue/cli-service），该依赖基于 webpack 构建，并带有合理的默认配置，该依赖可升级，也可以通过项目内的配置文件进行配置，还可以通过插件进行扩展。

（4）一个丰富的官方插件集合，集成了前端生态中最好的工具。

（5）一套完全图形化的创建和管理 Vue.js 项目的用户界面。

Vue CLI 有几个独立的部分——如果了解过 Vue 的源代码，会发现这个仓库里同时管理了多个单独发布的包。

1. CLI

CLI（@vue/cli）是一个全局安装的 npm 包，提供了终端使用的 Vue 命令。它可以通过 vue create 命令快速创建一个新项目的脚手架，或者直接通过 vue serve 命令构建新项目的原型。也可以使用 vue ui 命令，通过一套图形化界面管理所有项目。

2. CLI 服务

CLI 服务（@vue/cli-service）是一个开发环境依赖。它是一个 npm 包，局部安装在每个 @vue/cli 创建的项目中。

CLI 服务是构建于 webpack 和 webpack-dev-server 之上的，它包含以下内容。

（1）加载其他 CLI 插件的核心服务。

（2）一个针对绝大部分应用优化过的内部的 webpack 配置。

（3）项目内部的 vue-cli-service 命令，提供 serve、build 和 inspect 命令。

（4）熟悉 create-react-app 的话，@vue/cli-service 实际上大致等价于 react-scripts，尽管功能集合不一样。

3. CLI 插件

CLI 插件是向 Vue 项目提供可选功能的 npm 包，例如 Babel/TypeScript 转译、ESLint 集成、单元测试和 end-to-end 测试等。Vue CLI 插件的名字以 @vue/cli-plugin-（内建插件）或 vue-cli-plugin-（社区插件）开头，非常容易使用。在项目内部运行 vue-cli-service 命令时，它会自动解析并加载 package.json 中列出的所有 CLI 插件。

插件可以作为项目创建过程的一部分，或在后期加入到项目中。它们也可以被归成一组可复用的 preset。

11.2 脚手架环境搭建

新版本的脚手架包名称由 vue-cli 改成了 @vue/cli。如果已经全局安装了旧版本的 vue-cli（1.x 或 2.x），需要先通过 npm uninstall vue-cli -g 或 yarn global remove vue-cli 卸载。Vue CLI 需要 Node.js 8.9 或更高版本（推荐 8.11.0+）。

01▶在浏览器中打开 node.js 官网 https://nodejs.org/en/，如图 11-1 所示，这里下载推荐版本。

02▶文件下载成功后，双击安装文件，进入欢迎界面，如图 11-2 所示。

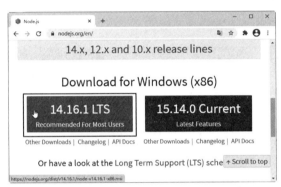

图 11-1　打开 node.js 官网　　　　　图 11-2　安装欢迎界面

03▶单击 Next 按钮，进入许可协议界面，选中 I accept the terms in the License Agreement 复选框，如图 11-3 所示。

04▶单击 Next 按钮，进入设置安装路径界面，如图 11-4 所示。

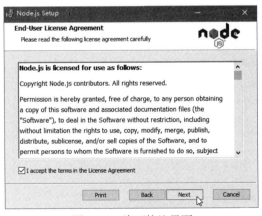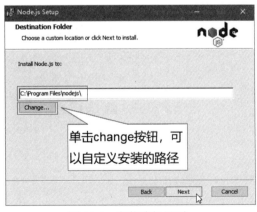

图 11-3　许可协议界面　　　　　　　图 11-4　安装路径界面

05▶单击 Next 按钮，进入自定义设置界面，如图 11-5 所示。

06▶单击 Next 按钮，进入本机模块设置工具界面，如图 11-6 所示。

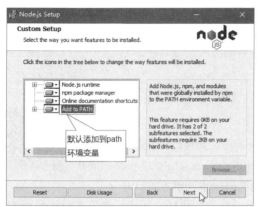

图 11-5　自定义设置界面

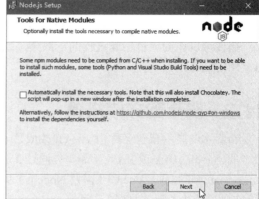

图 11-6　本机模块设置工具界面

07 单击 Next 按钮，进入准备安装界面，如图 11-7 所示。

08 单击 Install 按钮，开始安装并显示安装的进度，如图 11-8 所示。

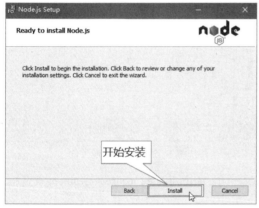

图 11-7　准备安装界面

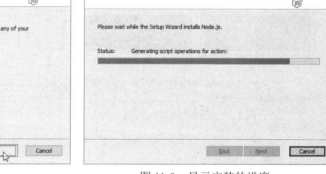

图 11-8　显示安装的进度

09 安装完成后，单击 Finish 按钮，完成软件的安装，如图 11-9 所示。

图 11-9　安装完成界面

安装完成后，需要检测是否安装成功。具体步骤如下。

01 打开 DOS 系统窗口。使用 window+R 键打开"运行"对话框，然后在"运行"对话框中输入 cmd，如图 11-10 所示。

02 单击"确定"按钮，即可打开 DOS 系统窗口，输入命令"node -v"，然后按 Enter 键，如果出现 node 对应的版本号，说明安装成功，如图 11-11 所示。

图 11-10　输入 cmd

图 11-11　检查 node 版本

提示：因为 node.js 已经自带 NPM（包管理工具），直接在 DOS 系统窗口中输入"npm -v"来检验其版本，如图 11-12 所示。

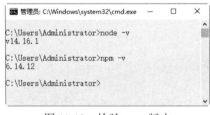

图 11-12　检验 npm 版本

11.3　安装脚手架

可以使用下列命令之一来安装脚手架：

```
npm install -g @vue/cli
```

或者

```
yarn global add @vue/cli
```

这里使用 npm install -g @vue/cli 命令来安装。在窗口中输入命令，并按 Enter 键，即可进行安装，如图 11-13 所示。

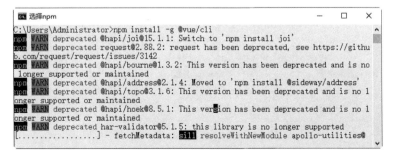

图 11-13　安装脚手架

提示：除了使用 npm 安装之外，还可以使用淘宝镜像（cnpm）来进行安装，安装的速度更快。

安装之后，可以使用 vue --version 命令来检查其版本是否正确（4.x），如图 11-14 所示。

图 11-14　检查脚手架版本

11.4　创建项目

在上节中，脚手架的环境已经配置完成，下面便可以使用脚手架来快速创建项目了。

11.4.1　使用命令

首先要打开创建项目的路径，例如在（F:）磁盘创建项目，项目名称为 my_project。具体的步骤如下。

01 打开 DOS 系统窗口，在窗口中输入"f:"命令，按 Enter 进入 F 盘，如图 11-15 所示。

02 在 F 盘创建 my_project 项目。在 DOS 系统窗口中输入"vue create my_project"命令，按 Enter 键进行创建。紧接着会提示配置方式，包括默认配置和手动配置，如图 11-16 所示。

图 11-15　进入项目路径

图 11-16　选择配置方式

大牛提醒：项目的名称不能大写，否则无法创建。

03 这里选择默认的配置，直接按 Enter 键，即可创建 my_project 项目，如图 11-17 所示。

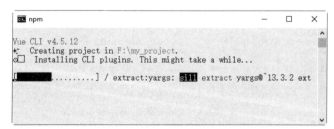

图 11-17　创建 my_project 项目

04 项目创建完成后，如图 11-18 所示。这时即可在 F 盘上看见创建的项目文件夹，如图 11-19 所示。

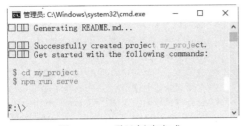
图 11-18　项目创建完成

图 11-19　创建的项目文件夹

05▶打开 my_project 文件夹，目录结构如图 11-20 所示。在项目中，可以根据习惯对该目录进行改造，在本书的后面案例中，就进行了改造。

06▶项目创建完成后，可以启动项目。紧接着上面的步骤，使用 cd my_project 命令进入项目，然后使用脚手架提供的 npm run serve 命令启动项目，如图 11-21 所示。

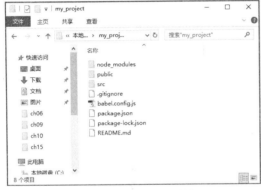
图 11-20　项目目录结构

图 11-21　启动项目

可以看到项目启动成功后，会提供本地的测试域名，只需要在浏览器中输入 http://localhost:8080/ 即可打开项目，如图 11-22 所示。

图 11-22　在浏览器中打开项目

> 提示：vue create 命令有一些可选项，可以通过运行以下命令进行探索：
>
> ```
> vue create --help
> ```

包括以下可选项：

```
-p, --preset <presetName>              //忽略提示符并使用已保存的或远程的预设选项
-d, --default                          //忽略提示符并使用默认预设选项
-i, --inlinePreset <json>              //忽略提示符并使用内联的JSON字符串预设选项
-m, --packageManager <command>         //在安装依赖时使用指定的npm客户端
-r, --registry <url>                   //在安装依赖时使用指定的npm registry
-g, --git [message]                    //强制/跳过git初始化，并可选地指定初始化提交
                                       //信息
-n, --no-git                           //跳过git初始化
-f, --force                            //覆写目标目录可能存在的配置
-c, --clone                            //使用git clone获取远程预设选项
-x, --proxy                            //使用指定的代理创建项目
-b, --bare                             //创建项目时省略默认组件中的新手指导信息
-h, --help                             //输出使用帮助信息
```

11.4.2 使用图形化界面

还可以通过 vue ui 命令，以图形化界面创建和管理项目。这里创建的项目名称为 hello1。具体步骤如下。

01 打开命令提示符窗口，在窗口中输入"f:"命令，按 Enter 键进入 F 盘根目录下。然后在窗口中输入"vue ui"命令并按 Enter 键，如图 11-23 所示。

02 紧接着会在本地默认的浏览器上打开图形化界面，如图 11-24 所示。

图 11-23　启动图形化界面　　　　　　　　图 11-24　在默认浏览器上打开图形化界面

03 在图形化界面单击"创建"按钮，将显示创建项目的路径，如图 11-25 所示。

图 11-25　单击"创建"按钮

04 单击"在此创建新项目"按钮，显示创建新项目的界面，输入项目的名称"hello1"，在详情选项中，根据需要进行选择，如图 11-26 所示。

05 单击"下一步"按钮，将展示"预设"选项，如图 11-27 所示。根据需要选择一套预设即可，这里采用默认的预设方案。

图 11-26　详情选项配置　　　　　　图 11-27　预设选项配置

06 单击"创建项目"按钮，开始创建项目，如图 11-28 所示。

图 11-28　开始创建项目

07 项目创建完成后，在 F 盘下即可看到 hello1 项目的文件夹。浏览器中将显示如图 11-29 所示的界面，其他四个部分：插件、依赖、配置和任务，分别如图 11-30 ～图 11-33 所示。

图 11-29　项目创建完成浏览器显示效果

图 11-30　插件配置界面

图 11-31　项目依赖配置界面

图 11-32　项目配置界面

图 11-33　任务界面

11.5 配置 sass、less 和 stylus

现在流行的 CSS 预处理器有 Less、Sass 和 Stylus 等，如果想要在 Vue CLI 创建的项目中使用这些预处理器，可以在创建项目的时候进行配置。下面以配置 sass 为例进行讲解，其他预处理的设置方法类似。

01 使用 vue create sassdemo 命令创建项目时，选择手动配置模块，如图 11-34 所示。

02 按 Enter 键，进入模块配置界面，然后通过空格键选择要配置的模块，这里选择 CSS Pre-processors 来配置预处理器，如图 11-35 所示。

图 11-34　手动配置模块

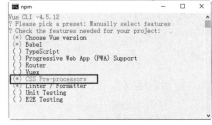
图 11-35　模块配置界面

03 按 Enter 键，进入 CSS 预处理器选择界面，这里选择 Sass/SCSS（with node-sass），如图 11-36 所示。

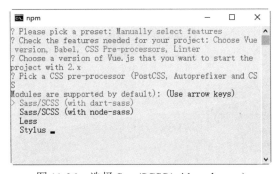
图 11-36　选择 Sass/SCSS(with node-sass)

配置完 CSS 预处理器，之后一直按 Enter 键，开始创建 sassdemo 项目。

项目创建完成之后，在组件的 style 标签中添加 lang="sass"，便可以使用 sass 预处理器了。在 App.vue 组件编写代码，定义 2 个 div 元素，使用 sass 定义其样式，代码如下：

```
<template>
  <div class="hello">
    <div class="big-box">
      大盒子
      <div class="small-box">
        小盒子
      </div>
    </div>
  </div>
</template>
<script>
export default {
  name:'HelloWorld',
}
</script>
```

```
<style lang="sass">
  .big-box{
    border:1px solid red;
    width:500px;
    height:300px;

    .small-box {
      background-color:#ff0000;
      color:#000000;
      width:200px;
      height:100px;
      margin:20% 30%;
      color:#fff;
    }
  }
</style>
```

在谷歌浏览器中运行项目，效果如图 11-37 所示。

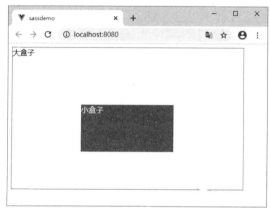

图 11-37　项目运行效果

11.6　配置文件 gackage.json

gackage.json 是 JSON 格式的 npm 配置文件，定义了项目所需要的各种模块，以及项目的配置信息。在项目开发中经常需要修改该文件的配置内容。gackage.json 的代码和注释如下：

```
{
  "name":"my_project",                    //项目文件
  "version":"0.1.0",                      //项目版本
  "private":true,                         //是否为私有项目
  "scripts":{              //值是一个对象，其中设置了项目生命周期各个环节需要执行的命令
    "serve":"vue-cli-service serve",      //执行npm run server,运行项目
    "build":"vue-cli-service build",      //执行npm run build,构建项目
    "lint":"vue-cli-service lint"//执行npm run lint,运行ESLint验证并格式化代码
  },
  "dependencies":{     //配置项目依赖的模块列表，key是模块名称，value是版本范围
    "core-js":"^3.6.5",
    "vue":"^2.6.11"
  },
  "devDependencies":{    //这里的依赖是用于开发环境的，不发布到生产环境
    "@vue/cli-plugin-babel":"~4.5.0",
```

```
      "@vue/cli-plugin-eslint":"~4.5.0",
      "@vue/cli-service":"~4.5.0",
      "babel-eslint":"^10.1.0",
      "eslint":"^6.7.2",
      "eslint-plugin-vue":"^6.2.2",
      "vue-template-compiler":"^2.6.11"
   },
   "eslintConfig":{
      "root":true,
      "env":{
         "node":true
      },
      "extends":[
         "plugin:vue/essential",
         "eslint:recommended"
      ],
      "parserOptions":{
         "parser":"babel-eslint"
      },
      "rules":{}
   },
   "browserslist":[
      "> 1%",
      "last 2 versions",
      "not dead"
   ]
}
```

在使用 NPM 安装依赖的模块时，可以根据模块是否需要在生产环境下使用而选择附加 -S 或者 -D 参数。例如以下命令：

```
npm install element-ui -S
//等价于
npm install element-ui -save
```

安装后会在 dependencies 中写入依赖性，在项目打包发布时，dependencies 中写入的依赖性也会一起打包。

11.7 新手疑难问题解答

▍疑问 1：如何删除自定义的脚手架项目的配置？

如果要删除自定义的脚手架项目的配置，可以在操作系统的用户目录下找到 .vuerc 文件，然后找到配置信息删除即可。

▍疑问 2：下载别人的代码如何安装依赖？

在发布代码时，项目下的 node_modules 文件夹都不会发布。那么在下载了别人的代码后，怎么安装依赖呢？这时可以在项目的根路径下执行 npm install 命令，该命令会根据 package.json 文件下载所需要的依赖。

第12章 使用Vue Router开发单页面应用

在传统的多页面应用中，网站的每一个 URL 地址都对应于服务器磁盘上的一个实际的物理文件。例如，当访问 https://www.yousite.com/index.html 这个网址的时候，服务器会自动把用户的请求对应到当前站点路径下面的 index.html 文件，然后再给予响应，将这个文件返回给浏览器。当跳转到别的页面上时，则会再重复一遍这个过程。

但是在单页面应用中，整个项目中只存在一个 html 文件，当用户切换页面时，只是通过对这个唯一的 html 文件进行动态重写，从而达到响应用户的请求。也就是说，从切换页面这个角度上说，应用只是在第一次打开时请求了服务器。

因为访问的页面并不是真实存在的，所以如何正确地在一个 html 文件中展现出用户想要访问的信息，就成为单页面应用需要考虑的问题，而前端路由就很好地解决了这个问题。

12.1 使用 Vue Router

下面来看一下，如何在 HTML 页面和项目中使用 Vue Router。

12.1.1 HTML 页面中使用路由

在 HTML 页面中使用路由，有以下几个步骤。

01 首先需要将 Vue Router 添加到 HTML 页面，这里采用可以直接引用 CDN 的方式添加前端路由，也可以把 JS 文件下载下来使用。

```
https://unpkg.com/vue-router/dist/vue-router.js
```

02 使用 router-link 标签来设置导航链接。

```html
<!-- 默认渲染成a标签 -->
<router-link to="/home">首页</router-link>
<router-link to="/list">列表</router-link>
<router-link to="/details">详情</router-link>
```

当然，默认生成的是 a 标签，如果想要将路由信息生成别的 html 标签，则可以使用 tag 属性指明需要生成的标签类型。

```html
<!-- 默认渲染成a标签 -->
<router-link to="/home">首页</router-link>
<!--渲染成button标签-->
<router-link to="/list" tag="button">列表</router-link>
<router-link to="/details" tag="button">详情</router-link>
```

03 指定组件在何处渲染，通过 <router-view> 指定。

```
<router-view></router-view>
```

当单击 router-link 标签时，会在 <router-view> 指定的位置渲染组件的模板内容。

04 定义路由组件，这里定义的是一些简单的组件。

```
var home={template:'<div>home组件的内容</div>'};
var list={template:'<div>list组件的内容</div>'};
var details={template:'<div>details组件的内容</div>'};
```

05 定义路由，在路由中将前面定义的链接和定义的组件一一对应。

```
var routes=[
    {path:'/home',component:home},
    {path:'/list',component:list},
    {path:'/details',component:details},
];
```

06 创建 VueRouter 实例。

```
var router=new VueRouter({
    routes//简写，相当于routes: routes
});
```

07 在 Vue 实例中注册 router，从而让整个应用程序使用路由。

```
var app=new Vue({
    el:'#app',
    router //简写，相当于router: router
})
```

到这里，路由的配置就完成了。

上面案例完整的代码如下。

【例 12.1】在 HTML 页面中使用路由（源代码 \ch12\12.1.html）

```
<style>
    #app{
        text-align:center;
    }
    .container {
        background-color:#73ffd6;
        margin-top:20px;
        height:200px;
    }
</style>
<div id="app">
    <router-link to="/home">首页</router-link>
    <router-link to="/list"tag="button">列表</router-link>
    <router-link to="/details" tag="button">详情</router-link>
    <div class="container">
        <router-view ></router-view>
    </div>
</div>
<script>
    var home={template:'<div>home组件的内容</div>'};
    var list={template:'<div>list组件的内容</div>'};
    var details={template:'<div>details组件的内容</div>'};
    var routes=[
        {path:'/home',component:home},
        {path:'/list',component:list},
        {path:'/details',component:details},
    ];
    var router=new VueRouter({
        routes//简写，相当于routes: routes
```

```
        });
        var app=new Vue({
            el:'#app',
            router //简写,相当于router: router
        })
    </script>
```

在谷歌浏览器中运行程序,单击"首页"链接,下面将显示首页对应的内容,如图12-1所示。

图 12-1　在 HTML 页面中使用路由

还可以嵌套路由,例如,在 home 组件中创建一个导航,导航包含 login 和 register 两个选项,每个选项的链接对应一个路由和组件。login 和 register 两个选项分别对应 login 和 register 组件。

因此,在构建 URL 时,应该将该地址位于 /home url 后面,从而更好地表达这种关系。所以,在 home 组件中又添加了一个 router-view 标签,用来渲染出嵌套的组件内容。同时,通过在定义 routes 时,在参数中使用 children 属性,从而达到配置嵌套路由信息的目的。

【例 12.2】嵌套路由(源代码 \ch12\12.2.html)

```
<!DOCTYPE html>
<html>
<head>
    <meta charset="UTF-8">
    <title>Title</title>
    <script src="vue.js"></script>
    <script src="vue-router.js"></script>
    <style>
        #app{
            text-align:center;
        }
        .container {
          background-color:#73ffd6;
            margin-top:20px;
            height:200px;
        }
        .sty {
            margin-top:30px;
        }
    </style>
</head>
<body>
<div id="app">
    <!-- 通过 router-link 标签来生成导航链接 -->
    <router-link to="/home">首页</router-link>
    <router-link to="/list">列表</router-link>
    <router-link to="/details">详情</router-link>
    <div class="container">
        <!-- 将选中的路由渲染到 router-view 下 -->
        <router-view></router-view>
    </div>
</div>
<template id="tmpl">
    <div>
        <h3>列表内容</h3>
        <!-- 生成嵌套子路由地址 -->
        <router-link to="/home/login">登录</router-link>
        <router-link to="/home/register">注册</router-link>
        <div class="sty">
        <!-- 生成嵌套子路由渲染节点 -->
        <router-view></router-view>
        </div>
    </div>
</template>
<script>
    var home={template:'#tmpl'};
    var list={template:'<div>list组件的内容</div>'};
    var details={template:'<div>details组件的内容</div>'};
    const login = {
        template:'<div> 登录页面内容</div>'
    };
    const register = {
        template:'<div>注册页面内容</div>'
    };
    const routes = [
// 路由重定向:当路径为 / 时,重定向到 /home 路径
    {
```

```
        path:'/',
        redirect:'/home'
    },
    {
        path:'/home',
        component:home,
        //嵌套路由
        children:[
            {
                path:'login',
                component:login
            },
            {
                path:'register',
                component:register
            },
        ]
    },
    {
        path:'/list',
        component:list,
    },
    {
        path:'/details',
        component:details,
    }
];
//使用 history 模式还是hash路由模式
const router = new VueRouter({
```
```
    //mode:'history',
    routes
});
const app = new Vue({
    el:'#app',
    router:router
});
</script>
</body>
</html>
```

在谷歌浏览器中运行程序，单击"首页"链接，然后单击"注册"链接，效果如图 12-2 所示。

图 12-2　嵌套路由

12.1.2　项目中使用路由

要在 Vue 脚手架创建的项目中使用路由，可以在创建项目时选择配置路由。

例如，使用 vue create router-demo 创建项目，在配置选项时，选择手动配置，然后配置 Router，如图 12-3 所示。

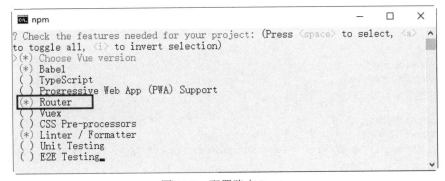

图 12-3　配置路由 Router

项目创建完成之后运行项目，然后在谷歌浏览器中打开项目，可以发现页面顶部有 Home 和 About 两个可切换的选项，如图 12-4 所示。

这是脚手架默认创建的例子。在创建项目的时候配置路由后，在使用的时候就不需要再进行配置了。

图 12-4 项目运行效果

具体实现和上面的案例基本一样。在项目 view 目录下可以看到 Home 和 About 两个组件，在根组件中创建导航，有 Home 和 About 两个选项，使用 <router-link> 来设置导航链接，通过 <router-view> 指定 Home 和 About 组件在根组件 App 中的渲染。App 组件的代码如下：

```
<template>
  <div id="app">
    <div id="nav">
      <router-link to="/">Home</router-link> |
      <router-link to="/about">About</router-link>
    </div>
    <router-view/>
  </div>
</template>
```

然后，在项目 router 目录下的 index.js 文件夹下配置路由信息。index.js 在 main.js 文件中进行了注册，所以在项目中便可以使用路由。

在 index.js 文件中通过路由，把 Home 和 About 组件与导航链接对应起来，路由在 routes 数组中进行配置，代码如下：

```
const routes = [
  {
    path:'/',
    name:'Home',
    component:Home
  },
  {
    path:'/about',
    name:'About',
    component:() => import(/* webpackChunkName:"about" */ '../views/About.vue')
  }
]
```

这样，在项目中就可以来使用路由了。

12.2 命名路由

在某些时候，生成的路由 URL 地址可能会很长，在使用中会显得有些不便。这时候通过一个名称来标识路由更方便一些。因此，在 Vue Router 中，可以在创建 Router 实例的时候，通过在 routes 配置中给某个路由设置名称，从而方便地调用路由。

```
routes:[
  {
    path:'/form',
    name:'router1',
    component:'<div>form组件</div>'
  }
]
```

使用命名路由之后，当需要使用 router-link 标签进行跳转时，就可以采取给 router-link 的 to 属性传一个对象的方式，跳转到指定的路由地址上，例如：

```
<router-link :to="{ name:'router1'}">名称</router-link>
```

下面更改前面的案例，不更改样式，只是采用命名路由的方式。

【例 12.3】命名路由（源代码 \ch12\12.3.html）

```
<style>
    #app{
        text-align:center;
    }
    .container {
        background-color:#73ffd6;
        margin-top:20px;
        height:200px;
    }
</style>
<div id="app">
    <router-link:to="{name:'router1'}">首页</router-link>
    <router-link:to="{name:'router2'}" tag="button">列表</router-link>
    <router-link:to="{name:'router3'}" tag="button">详情</router-link>
    <div class="container">
        <router-view ></router-view>
    </div>
</div>
<script>
    var home={template:'<div>home组件的内容</div>'};
    var list={template:'<div>list组件的内容</div>'};
    var details={template:'<div>details组件的内容</div>'};
    var routes=[
        {path:'/home',component:home,name:'router1',},
        {path:'/list',component:list,name:'router2',},
        {path:'/details',component:details,name:'router3',},
    ];
    var router=new VueRouter({
        routes//简写，相当于routes: routes
    });
    var app=new Vue({
        el:'#app',
        router //简写，相当于router: router
    })
</script>
```

在谷歌浏览器中运行程序，效果与例 12.1 相同。

还可以使用 params 属性设置参数，例如：

```
<router-link :to="{ name:'user', params:{ userId:123 }}">User</router-link>
```

这跟代码调用 router.push() 是一样的：

```
router.push({ name:'user', params:{ userId:123 }})
```

这两种方式都会把路由导航到 /user/123 路径。

165

12.3 命名视图

当打开一个页面时,整个页面可能是由多个 Vue 组件所构成的。例如,后台管理首页可能是由 sidebar(侧导航)、header(顶部导航)和 main(主内容)这三个 Vue 组件构成的。此时,通过 Vue Router 构建路由信息时,如果一个 URL 只能对应一个 Vue 组件,则整个页面肯定是无法正确显示的。

在上一节的学习中,在构建路由信息的时候,使用到两个特殊的标签:router-view 和 router-link。通过 router-view 标签,我们就可以指定组件渲染显示到什么位置。当需要在一个页面上显示多个组件的时候,就需要在页面中添加多个 router-view 标签。

那么,是不是可以通过一个路由对应多个组件,然后按需要渲染在不同的 router-view 标签上呢?按照上一节关于 Vue Router 的使用方法,可以很容易地实现。

【例 12.4】一个路由对应多个组件(源代码 \ch12\12.4.html)

```
<div id="app">
    <router-view></router-view>
    <div class="container">
        <router-view></router-view>
        <router-view></router-view>
    </div>
</div>
<template id="sidebar">
    <div class="sidebar">
        侧边栏内容
    </div>
</template>
<script>
    // 1.定义路由跳转的组件模板
    const header = {
        template:'<div class="header">头部内容</div>'
    }
    const sidebar = {
        template:'#sidebar',
    }
    const main = {
        template:'<div class="main">主要内容</div>'
    }
    // 2.定义路由信息
    const routes = [{
        path:'/',
        component:header
    },{
        path:'/',
        component:sidebar
    },{
        path:'/',
        component:main
    }]
    const router = new VueRouter({
        routes
    })
    // 3.挂载到当前 Vue 实例上
    const vm = new Vue({
        el:'#app',
        router:router
    });
</script>
```

在谷歌浏览器中运行程序,效果如图 12-5 所示。

图 12-5 一个路由对应多个组件

可以看到,例 12.4 并没有我们想要的效果,将一个路由信息对应到多个组件时,不管有多少个 router-view 标签,程序都会将第一个组件渲染到所有的 router-view 标签上。

在 Vue Router 中,可以通过命名视图的方式实现一个路由信息按照需要渲染到页面中指定的 router-view 标签。

命名视图与命名路由的实现方式相似,命名视图通过在 router-view 标签上设定 name 属性,之后在构建路由与组件的对应关系时,以 name:component 的形式构造出一个组件对象,从而指明是在哪个 router-view 标签上加载什么组件。

> **注意**：在指定路由对应的组件时，使用的是 components（包含 s）属性配置组件。

实现命名视图的代码如下：

```
<div id="app">
    <router-view></router-view>
    <div class="container">
        <router-view name="sidebar"></router-view>
        <router-view name="main"></router-view>
    </div>
</div>
<script>
    // 定义路由信息
    const routes = [{
        path:'/',
        components:{
            default:header,
            sidebar:sidebar,
            main:main
        }
    }]
</script>
```

在 router-view 中，默认的 name 属性值为 default，所以这里的 header 组件对应的 router-view 标签就可以不设定 name 属性值。

【例 12.5】命名视图（源代码 \ch12\12.5.html）

```
<style>
    .style1{
        height:20vh;
        background:#0BB20C;
        color:white;
    }
    .style2{
        background:#9e8158;
        float:left;
        width:30%;
        height:70vh;
        color:white;
    }
    .style3{
        background:#2d309e;
        float:left;
        width:70%;
        height:70vh;
        color:white;
    }
</style>
<div id="app">
    <div class="style1">
        <router-view></router-view>
    </div>
    <div class="container">
        <div class="style2">
            <router-view name="sidebar"></router-view>
        </div>
        <div class="style3">
            <router-view name="main"></router-view>
        </div>
    </div>
</div>
<template id="sidebar">
    <div class="sidebar">
        侧边栏导航内容
    </div>
</template>
<script>
    // 1.定义路由跳转的组件模板
    const header = {
        template:'<div class="header"> 头部内容 </div>'
    }
    const sidebar = {
        template:'#sidebar'
    }
    const main = {
        template:'<div class="main">正文部分</div>'
    }
    // 2.定义路由信息
    const routes = [{
```

```
            path:'/',
            components:{
                default:header,
                sidebar:sidebar,
                main:main
            }
        }]
    const router = new VueRouter({
        routes
    })
    // 3.挂载到当前 Vue 实例上
    const vm = new Vue({
        el:'#app',
        data:{},
        methods:{},
        router:router
    });
</script>
```

在谷歌浏览器中运行程序，效果如图 12-6 所示。

图 12-6 命名视图

12.4 路由传参

在很多的情况下，例如表单提交、组件跳转之类的操作，需要用到上一个表单、组件的一些数据，这时就需要通过传参的方式在路由间传递参数。下面介绍两种传参方式：query 传参和 param 传参。

1. query 传参

query 查询参数传参，就是将需要的参数以 key=value 的方式放在 URL 地址中。

在下面的案例中，想要实现通过单击 main 组件中的子组件 form 上的按钮，将表单的内容传递到 info 子组件中进行显示。

因为需要 info 组件中显示上一个页面的数据，所以 info 页面显示的 URL 地址应该为 /info?email=xxx&password=xxx，这里的 email 和 password 参数值是 form 组件上用户输入的值。通过获取这两个参数值即可实现我们的需求。

将实例化的 Vue Router 对象挂载到 Vue 实例后，Vue Router 在 Vue 实例上就创建了两个属性对象 this.$router（router 实例）和 this.$route（当前页面的路由信息）。可以通过 vm.$route 获取当前页面的路由信息，如图 12-7 所示。

图 12-7 路由信息

这时就可以直接通过 $route.query 参数名的方式获取对应的参数值。同时可以发现，fullPath 属性可以获取当前页面的地址和 query 查询参数，而 path 属性则只是获取当前的路由信息。

因为在使用 Vue Router 时已经将 Vue Router 实例挂载到 Vue 实例上，因此就可以直接通过调用 $router.push 方法来导航到另一个页面，所以这里 form 组件中的按钮事件，就可以使用这种方式完成路由地址的跳转。

【例 12.6】query 传参（源代码 \ch12\12.6.html）

```
<style>
    .style1{
        background:#0BB20C;
        color:white;
        padding:15px;
        margin:15px 0;
    }
    .main{
        padding:10px;
    }
</style>
<div id="app">
    <div>
        <div class="style1">
            <router-view></router-view>
        </div>
    </div>
    <div class="main">
        <router-view name="main"></router-view>
    </div>
</div>
<template id="sidebar">
    <div>
        <ul>
            <router-link v-for="(item,index) in menu" :key="index" :to="item.url" tag="li">{{item.name}}
            </router-link>
        </ul>
    </div>
</template>

<template id="main">
    <div>
        <router-view></router-view>
    </div>
</template>
<template id="form">
    <div>
        <form>
            <div>
                <label for="exampleInputEmail1">邮箱</label>
                <input type="email" id="exampleInputEmail1" placeholder="输入电子邮件" v-model="email">
            </div>
            <div>
                <label for="exampleInputPassword1">密码</label>
                <input type="password" id="exampleInputPassword1" placeholder="输入密码" v-model="password">
            </div>
            <buttontype="submit"@click="submit">提交</button>
        </form>
    </div>
</template>
<template id="info">
    <div class="card" style="margin-top:5px;">
        <div class="card-header">
            输入的信息
        </div>
        <div class="card-body">
            <blockquote class="blockquote mb-0">
                <p>邮箱: {{ $route.query.email }} </p>
                <p>密码: {{ $route.query.password }}</p>
            </blockquote>
        </div>
    </div>
</template>
<script>
    // 1.定义路由跳转的组件模板
    const header = {
        template:'<div class="header"> 头部 </div>'
    }
    const sidebar = {
        template:'#sidebar',
        data:function(){
            return {
                menu:[{
                    name:'Form',
                    url:'/form'
                },
                {
                    name:'Info',
                    url:'/info'
                }]
```

```
            }
        },
    }
    const main = {
        template:'#main'
    }
    const form = {
        template:'#form',
        data:function(){
            return {
                email:'',
                password:''
            }
        },
        methods:{
            submit(){
                this.$router.push({
                    path:'/
info?email=' + this.email + '&password=' +
this.password
                })
            }
        },
    }
    const info = {
        template:'#info'
    }
    // 2.定义路由信息
    const routes = [{
        path:'/',
        components:{
            default:header,
            sidebar:sidebar,
            main:main
        },
        children:[{
            path:'',
            redirect:'form'
        },
        {
            path:'form',
            component:form
        },
        {
            path:'info',
            component:info
        }]
    }]
    const router = new VueRouter({
        routes
    })
    // 3.挂载到当前 Vue 实例上
    const vm = new Vue({
        el:'#app',
        data:{},
        methods:{},
        router:router
    });
</script>
```

在谷歌浏览器中运行程序，在"邮箱"文本框中输入"123456"，在"密码"文本框中输入"abcdefg"，如图 12-8 所示。单击"提交"按钮，内容传递到 info 子组件中进行显示，效果如图 12-9 所示。

图 12-8　程序初始效果

图 12-9　query 传参

2. param 传参

与获取 query 参数的方式相同，同样可以通过 vm.$route 获取当前路由信息，从而在 param 对象中通过 $route.params 参数名的方式，获取通过 param 传递的参数值。不过，与 query 查询参数传参不同的是，在定义路由信息时，需要以占位符（:参数名）的方式将需要传递的参数指定到路由地址中，实现代码如下：

```
    const routes=[{
        path:'/',
        components:{
```

```
            default:header,
            sidebar:sidebar,
            main:main
        },
        children:[{
            path:'',
            redirect:'form'
        }, {
            path:'form',
            name:'form',
            component:form
        }, {
            path:'info/:email/:password',
            name:'info',
            component:info
        }]
    }]
```

因为在使用 $route.push 进行路由跳转时，如果提供了 path 属性，则对象中的 params 属性会被忽略，所以这里可以采用命名路由的方式进行跳转或者直接将参数值传递到路由 path 属性中。同时，与使用 query 查询参数传递参数不同的是，这里的参数如果不进行赋值，就无法与匹配规则对应，也就无法跳转到指定的路由地址中。

```
const form = {
    template:'#form',
    data:function(){
        return {
            email:'',
            password:''
        }
    },
    methods:{
        submit:function(){
            // 方式1
            this.$router.push({
                name:'info',
                params:{
                    email:this.email,
                    password:this.password
                }
            })
            // 方式2
            this.$router.push({
                path:'/info/${this.email}/${this.password}',
            })
        }
    },
}
```

其余部分的代码与使用 query 传参的代码相同，具体的实现代码如下。

【例 12.7】param 传参（源代码 \ch12\12.7.html）

```
<style>
    .style1{
        background:#0BB20C;
        color:white;
        padding:15px;
        margin:15px 0;
    }
    .main{
        padding:10px;
```

```html
        }
    </style>
<body>
    <div id="app">
        <div>
            <div class="style1">
                <router-view></router-view>
            </div>
        </div>
        <div class="main">
            <router-view name="main"></router-view>
        </div>
    </div>
    <template id="sidebar">
        <div>
            <ul>
                <router-link v-for="(item,index) in menu" :key="index" :to="item.url" tag="li">{{item.name}}
                </router-link>
            </ul>
        </div>
    </template>
    <template id="main">
        <div>
            <router-view></router-view>
        </div>
    </template>
    <template id="form">
        <div>
            <form>
                <div>
                    <label for="exampleInputEmail1">邮箱</label>
                    <input type="email" id="exampleInputEmail1" placeholder="输入电子邮件" v-model="email">
                </div>
                <div>
                    <label for="exampleInputPassword1">密码</label>
                    <input type="password" id="exampleInputPassword1" placeholder="输入密码" v-model="password">
                </div>
                <button type="submit"@click="submit">提交</button>
            </form>
        </div>
    </template>
    <template id="info">
        <div>
            <div>
                输入的信息
            </div>
            <div>
                <blockquote>
                    <p>邮箱：{{ $route.params.email }} </p>
                    <p>密码：{{ $route.params.password }}</p>
                </blockquote>
            </div>
        </div>
    </template>
    <script>
        // 1.定义路由跳转的组件模板
        const header = {
            template:'<div class="header">头部</div>'
        }
        const sidebar = {
            template:'#sidebar',
            data:function(){
                return {
                    menu:[{
                        displayName:'Form',
                        routeName:'form'
                    }, {
                        displayName:'Info',
                        routeName:'info'
                    }]
                }
            },
        }
        const main = {
            template:'#main'
        }
        const form = {
            template:'#form',
            data:function(){
                return {
                    email:'',
                    password:''
                }
            },
            methods:{
                submit:function(){
                    // 方式1
                    this.$router.push({
                        name:'info',
                        params:{
                            email:this.email,
                            password:this.password
                        }
                    })
                }
            },
        }
        const info = {
            template:'#info'
        }
        // 2.定义路由信息
```

```
const routes = [{
    path:'/',
    components:{
        default:header,
        sidebar:sidebar,
        main:main
    },
    children:[{
        path:'',
        redirect:'form'
    }, {
        path:'form',
        name:'form',
        component:form
    }, {
        path:'info/:email/
            :password',
        name:'info',
        component:info
    }]
}]
const router = new VueRouter({
    routes
})
// 3.挂载到当前 Vue 实例上
const vm = new Vue({
    el:'#app',
    data:{},
    methods:{},
```

```
    router:router
});
</script>
</body>
```

在谷歌浏览器中运行程序,在"邮箱"文本框中输入"abc123456@qq.com",在"密码"文本框中输入"123456",单击"提交"按钮,内容传递到 info 子组件中进行显示,效果如图 12-10 所示。

图 12-10　param 传参

12.5　编程式导航

在使用 Vue Router 的时候,经常会通过 router-link 标签生成跳转到指定路由的链接,但是在实际的前端开发中,更多的是通过 JavaScript 的方式进行跳转。例如很常见的一个交互需求——用户提交表单,提交成功后跳转到上一页面,提交失败则停留在当前页面。这时候如果还是通过 router-link 标签进行跳转就不合适了,需要通过 JavaScript 根据表单返回的状态进行动态的判断。

在使用 Vue Router 时,已经将 Vue Router 的实例挂载到了 Vue 实例上,可以借助 $router 的实例方法,通过编写 JavaScript 代码的方式实现路由间的跳转,而这种方式就是一种编程式的路由导航。

在 Vue Router 中有三种导航方法,分别为 push、replace 和 go。最常见的是通过在页面上设置 router-link 标签进行路由地址间的跳转,就等同于执行了一次 push 方法。

1. push 方法

当需要跳转新页面时,可以通过 push 方法将一条新的路由记录添加到浏览器的 history 栈中,通过 history 的自身特性,从而驱使浏览器进行页面的跳转。同时,因为在 history 历史记录中会一直保留着这个路由信息,所以后退时还是可以退回到当前的页面。

在 push 方法中,参数可以是一个字符串路径,或者是一个描述地址的对象,这里其实就等同于调用了 history.pushState 方法。

```
// 字符串 => /first
this.$router.push('first')
```

```
//对象=> /first
this.$router.push({ path:'first' })
//带查询参数=>/first?abc=123
this.$router.push({ path:'first', query:{ abc:'123' }})

const userId ='123'
// 使用命名路由 => /user/123
this.$router.push({ name:'user', params:{ userId }})
// 使用带有参数的全路径 => /user/123
this.$router.push({ path:'/user/${userId}' })
// 这里的 params 不生效 => /user
this.$router.push({ path:'/user', params:{ userId }})
```

> **注意**：当传递的参数为一个对象并且当 path 与 params 共同使用时，对象中的 params 属性不会起任何作用，需要采用命名路由的方式进行跳转，或者是直接使用带有参数的全路径。

2. go 方法

当使用 go 方法时，可以在 history 记录中前进或者后退多少步，也就是说通过 go 方法可以在已经存储的 history 路由历史中来回跳转。

```
//在浏览器记录中前进一步，等同于history.forward()
this.$router.go(1)
//后退一步记录，等同于history.back()
this.$router.go(-1)
//前进3步记录
this.$router.go(3)
```

3. replace 方法

使用 replace 方法同样可以达到实现路由跳转的目的。从名字可以看出，与使用 push 方法跳转不同的是，使用 replace 方法时，并不会在 history 栈中增加一条新的记录，而是会替换掉当前的记录，因此无法通过后退按钮再回到被替换前的页面。

```
this.$router.replace({
    path:'/special'
})
```

下面通过编程式路由，实现路由间的切换，案例代码如下。

【例 12.8】实现路由间的切换（源代码\ch12\12.8.html）

```
<style>
    .style1{
        background:#0BB20C;
        color:white;
        height:300px;
    }
</style>
<body>
<div id="app">
    <div class="main">
```

```
<div >
    <button @click="goFirst">第
        一页</button>
    <button @click="goSecond">第
        二页</button>
    <button @click="goThird">第
        三页</button>
    <button @click="goFourth">第
        四页</button>
    <button @click="pre">后
        退</button>
    <button @click="next">
        前进</button>
    <button @click="replace">
```

```html
            替换当前页为特殊页</button>
        </div>
        <div class="style1">
            <router-view></router-view>
        </div>
    </div>
</div>

<script>
    const first = {
        template:'<h3>第一页的内容</h3>'
    };;
    const second = {
        template:'<h3>第二页的内容</h3>'
    };
    const third = {
        template:'<h3>第三页内容</h3>'
    };
    const fourth = {
        template:'<h3>第四页的内容</h3>'
    };
    const special = {
        template:'<h3>特殊页面的内容</h3>'
    };
    const router = new VueRouter({
        routes:[
            {
                path:'/first',
                component:first
            },
            {
                path:'/second',
                component:second
            },
            {
                path:'/third',
                component:third
            },
            {
                path:'/fourth',
                component:fourth
            },
            {
                path:'/special',
                component:special
            }
        ]
    });
    const vm = new Vue({
        el:'#app',
        data:{},
        methods:{
            goFirst:function(){
                this.$router.push({
                    path:'/first'
                })
            },
            goSecond:function(){
                this.$router.push({
                    path:'/second'
                })
            },
            goThird:function(){
                this.$router.push({
                    path:'/third'
                })
            },
            goFourth:function(){
                this.$router.push({
                    path:'/fourth'
                })
            },
            next:function(){
                this.$router.go(1)
            },
            pre:function(){
                this.$router.go(-1)
            },
            replace:function(){
                this.$router.replace({
                    path:'/special'
                })
            }
        },
        router:router
    })
</script>
</body>
```

在谷歌浏览器中运行程序，单击"第一页"按钮，效果如图 12-11 所示。

图 12-11　实现路由间的切换

12.6 组件与 Vue Router 间解耦

在使用路由传参的时候，将组件与 Vue Router 强绑定在了一起，这意味着在任何需要获取路由参数的地方，都需要加载 Vue Router，使组件只能在某些特定的 URL 上使用，限制了其灵活性。如何解决强绑定呢？

在之前学习与组件相关的知识时，提到了可以通过组件的 props 选项来实现子组件接收父组件传递的值。而在 Vue Router 中，同样提供了通过使用组件的 props 选项来进行解耦的功能。

12.6.1 布尔模式

下面的案例中，在定义路由模板时，指定需要传递的参数为 props 选项中的一个数据项，通过在定义路由规则时，指定 props 属性为 true，即可实现组件以及 Vue Router 之间的解耦。

【例 12.9】布尔模式（源代码 \ch12\12.9.html）

```
<style>
    .style1{
        background:#0BB20C;
        color:white;
    }
</style>
<body>
<div id="app">
    <div class="main">
        <div >
            <button @click="goFirst">第一页</button>
            <button @click="goSecond">第二页</button>
            <button @click="goThird">第三页</button>
            <button @click="goFourth">第四页</button>
            <button @click="pre">后退</button>
            <button @click="next">前进</button>
            <button @click="replace">替换当前页为特殊页</button>
        </div>
        <div class="style1">
            <router-view></router-view>
        </div>
    </div>
</div>
<script>
    const first = {
        template:'<h3>第一页的内容</h3>'
    };
    const second = {
        template:'<h3>第二页的内容</h3>'
```

```
    };
    const third = {
        props:['id'],
        template:'<h3>第三页的内容---{{id}}</h3>'
    };
    const fourth = {
        template:'<h3>第四页的内容</h3>'
    };
    const special = {
        template:'<h3>特殊页面的内容</h3>'
    };
    const router = new VueRouter({
        routes:[
            {
                path:'/first',
                component:first
            },
            {
                path:'/second',
                component:second
            },
            {
                path:'/third/:id',
                component:third,
                props:true
            },
            {
                path:'/fourth',
                component:fourth
            },
            {
                path:'/special',
                component:special
            }
        ]
    });
```

```
const vm = new Vue({
    el:'#app',
    data:{},
    methods:{
        goFirst:function(){
            this.$router.push({
                path:'/first'
            })
        },
        goSecond:function(){
            this.$router.push({
                path:'/second'
            })
        },
        goThird:function(){
            this.$router.push({
                path:'/third'
            })
        },
        goFourth:function(){
            this.$router.push({
                path:'/fourth'
            })
        },
        next:function(){
            this.$router.go(1)
        },
        pre:function(){
            this.$router.go(-1)
        },
        replace:function(){
            this.$router.replace({
                path:'/special'
            })
        }
    },
    router:router
})
</script>
</body>
```

在谷歌浏览器中运行程序，单击"第三页"按钮，然后在 URL 路径中输入"/abcdefg"，再按 Enter 键，效果如图 12-12 所示。

图 12-12　布尔模式

> **大牛提醒**：上面案例采用 param 传参的方式进行参数传递，而在组件中并没有加载 Vue Router 实例，也完成了对于路由参数的获取。采用此方法，只能实现基于 param 方式进行传参的解耦。

12.6.2　对象模式

针对定义路由规则时，指定 props 属性为 true 这种情况，在 Vue Router 中，还可以将路由规则的 props 属性定义成一个对象或者函数，但如果定义成对象或者函数，并不能实现组件以及 Vue Router 间的解耦。

将路由规则的 props 定义成对象后，此时不管路由参数中传递是什么值，最终获取的都是对象中的值。需要注意的是，props 中的属性值必须是静态的，不能采用类似于子组件同步获取父组件传递的值作为 props 中的属性值。

下面的案例与上面案例中的代码类似，只需更改相应的代码即可。

【例 12.10】对象模式（源代码 \ch12\12.10.html）

```
<script>
    const third = {
        props:['name'],
        template:'<h3>第三页内容 ---
        {{name}} </h3>'
    }
    const router = new VueRouter({
        routes:[{
            path:'/third/:name',
            component:third,
            props:{
                name:'xiaohong'
            }
        }]
    })
    const vm = new Vue({
        el:'#app',
        data:{},
```

```
        methods:{
            goThird(){
                this.$router.push({
                    path:'/third'
                })
            }
        },
        router:router
    })
</script>
```

在谷歌浏览器中运行程序，单击"第三页"按钮，然后在 URL 路径中输入"/xiaohong"，再按 Enter 键，效果如图 12-13 所示。

图 12-13　对象模式

12.6.3　函数模式

在对象模式中，只能接收静态的 props 属性值，而当使用函数模式之后，就可以对静态值做数据的进一步加工或者是与路由传参的值进行结合。

下面的案例与上面案例中的代码类似，只需更改相应的代码即可。

【例 12.11】函数模式（源代码 \ch12\12.11.html）

```
<script>
    const third = {
        props:['name',"id"],
        template:'<h3>第三页的内容---
{{name}}──{{id}}</h3>'
    };
    const router = new VueRouter({
        routes:[{
            path:'/third',
            component:third,
            props:(route)=>({
                id:route.query.id,
                name:"xiaohong"
            })
        }]
    })
    const vm = new Vue({
        el:'#app',
        data:{},
```

```
        methods:{
            goThird:function(){
                this.$router.push({
                    path:'/third'
                })
            },
        },
        router:router
    })
</script>
```

在谷歌浏览器中运行程序，单击"第三页"按键，然后在 URL 路径中输入"?id=123456"，再按 Entrt 键，效果如图 12-14 所示。

图 12-14　函数模式

12.7　新手疑难问题解答

▎疑问 1：使用 history 模式的问题是什么？

在 history 模式下，如果是通过导航链接来路由页面，Vue Router 会在内部截获单击事件，通过 JavaScript 操作 window.history 来改变浏览器地址栏里的路径，当 URL 匹配不到任何资源时，并不会发起 HTTP 请求，也不会出现 404 错误。为了解决这个问题，可以在前端程序部署的 Web 服务器上配置一个覆盖所有情况的备选，当 URL 匹配不到任何资源时，返回一个固定的 index.html 页面，这个页面就是单页应用程序的主页面。

疑问 2：如何选择 history 模式还是 hash 模式？

在开发应用程序中，可以先使用 hash 模式，在生产环境中，再根据部署的服务器调整为 history 模式。不过，在基于 Vue 脚手架项目的开发中，内置的 Node 服务器本身也支持 history 模式，所以开发时一般不会出问题。

第13章 状态管理——Vuex

在前面的组件章节中介绍了父子组件之间的通信方法。在实际开发项目中,经常会遇到多个组件需要访问同一数据的情况,且都需要根据数据的变化做出响应,而这些组件之间可能并不是父子组件这种简单的关系。这种情况下,就需要一个全局的状态管理方案。Vuex 是一个数据管理的插件,是实现组件全局状态(数据)管理的一种机制,可以方便地实现组件之间数据的共享。

13.1 什么是 Vuex

Vuex 是一个专为 Vue.js 应用程序开发的状态管理模式。它采用集中式存储管理应用的所有组件的数据,并以相应的规则保证数据以一种可预测的方式发生变化。Vuex 也集成到了 Vue 的官方调试工具 devtools 中,提供了诸如零配置的 time-travel 调试、状态快照导入导出等高级调试功能。

Vuex 是一个专为 Vue.js 应用程序开发的状态管理模式。状态管理模式其实就是数据管理模式,它集中式存储、管理项目所有组件的数据。

使用 Vuex 统一管理数据有以下 3 个好处。

(1)能够在 Vuex 中集中管理共享的数据,易于开发和后期维护。

(2)能够高效地实现组件之间的数据共享,提高开发效率。

(3)存储在 Vuex 中的数据是响应式的,能够实时保持数据与页面同步。

这个状态管理应用包含以下 3 个部分。

(1)state:驱动应用的数据源。

(2)view:以声明方式将 state 映射到视图。

(3)actions:响应在 view 上的用户输入导致的状态变化。

图 13-1 所示是一个表示"单向数据流"理念的简单示意图。

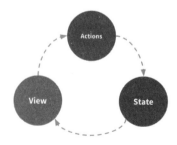

图 13-1 单向数据流示意图

但是,当应用遇到多个组件共享状态时,单向数据流的简洁性很容易被破坏,出现以下两个问题。

（1）多个视图依赖于同一状态。

（2）来自不同视图的行为需要变更为同一状态。

对于问题一，传参的方法对于多层嵌套的组件将会非常繁琐，并且对于兄弟组件间的状态传递无能为力。

对于问题二，经常会采用父子组件直接引用或者通过事件来变更和同步状态的多份拷贝。

以上的这些模式非常脆弱，通常会导致无法维护的代码。因此，我们为什么不把组件的共享状态抽取出来，以一个全局单例模式管理呢？在这种模式下，组件树构成了一个巨大的"视图"，不管在树的哪个位置，任何组件都能获取状态或者触发行为。

通过定义和隔离状态管理中的各种概念并通过强制规则维持视图和状态间的独立性，代码将会变得更结构化且易维护。

这就是 Vuex 产生的背景，它借鉴了 Flux、Redux 和 The Elm Architecture。与其他模式不同的是，Vuex 是专门为 Vue.js 设计的状态管理库，以利用 Vue.js 的细粒度数据响应机制来进行高效的状态更新。

13.2 安装 Vuex

使用 CDN 方式安装：

```
<!-- 引入最新版本-->
<script src="https://unpkg.com/vuex"></script>
<!-- 引入指定版本-->
<script src="https://unpkg.com/vuex@3.5.1"></script>
```

unpkg.com 提供了基于 NPM 的 CDN 链接，此链接会一直指向 NPM 上发布的最新版本。也可以通过 https://unpkg.com/vuex@2.0.0 这样的方式指定特定的版本。

下载 Vuex 文件后，本地安装时，在 Vue 文件之后引入 Vuex 文件：

```
<script src="/path/to/vue.js"></script>
<script src="/path/to/vuex.js"></script>
```

在使用 vue 脚手架开发项目时，使用 npm 或 yarn 安装 Vuex，执行以下命令：

```
npm install vuex --save
yarn add vuex
```

安装完成之后，还需要在 main.js 文件中导入 Vuex，并使用 Vue.use() 来安装 Vuex 插件。代码如下：

```
import Vue from 'vue'
//引入Vuex
import Vuex from 'vuex'
//安装Vuex插件
Vue.use(Vuex)
```

13.3 Vuex 的基本用法

Vuex 应用的核心就是 store（仓库），store 可理解为保存应用程序数据的容器，它包含着应用中的大部分数据。

安装好 Vuex 之后，就可以创建 store 对象。代码如下：

```
const store=new Vuex.Store({
  //state用来存放数据
  state:{count:0},
})
```

创建 store 对象之后，便可以在组件中访问 store 中的数据，直接使用 store.state.count。在脚手架搭建的项目中，为了方便在每个单文件组件中访问 store，还应该在 Vue 的根实例中注册 store，所以在 main.js 文件的实例中添加 store，代码如下：

```
new Vue({
  //将store挂载到Vue实例中
  store,
  render:h => h(App)
}).$mount('#app')
```

这样 store 会被注册到根组件下的所有子组件中，在子组件中便可以通过 this.$store 来访问 store。

下面来看一个计数的案例，单击对应的按钮可以增加或减少 message 的值。

```
<div id="app">
    <p>计数</p>
    <button @click="reduce">减少</button>
    <button>{{message}}</button>
    <button @click="add">增加</button>
</div>
<script>
    new Vue({
        el:"#app",
        data:{
            message:"0"
        },
        methods:{
            add:function (){
                this.message++
            },
            reduce:function (){
                this.message--
            }
        },
    })
</script>
```

安装 Vuex 之后，就可以使用 store 来管理案例中的数据了，仅需要提供一个初始 state 对象和一些 mutation。更改上面的代码如下：

```
<div id="app">
    <p>计数</p>
    <button @click="reduce">减少</button>
    <button>{{message}}</button>
    <button @click="add">增加</button>
</div>
<script>
    // 创建store
```

```
        const store=new Vuex.Store({
            // 初始 state 对象，存储count
            state:{
                count:0
            },
            //mutations对象用来更改状态，也是唯一一个可以更改状态的地方
            mutations:{
                // 定义更改状态的方法
                add:function(state){
                    state.count++;    //更改state中的count（增加）
                },
                reduce:function(state){
                    state.count--;    //更改state中的count（减少）
                }
            }
        });
        new Vue({
            el:"#app",
            store,    //在vue实例中注册store
            // 使用计算属性（computed）关联count
            computed:{
                message:function(){
                    //获取仓库中的message数据
                    return this.$store.state.count;
                }
            },
            methods:{
                add:function (){
                    // 关联状态管理中的方法add，使用commit触发状态变更
                    store.commit('add')
                },
                reduce:function (){
                    // 关联状态管理中的方法reduce，使用commit触发状态变更
                    store.commit('reduce')
                }
            },
        })
</script>
```

在谷歌浏览器中运行，单击 10 次 "增加" 按钮，页面效果如图 13-2 所示。

图 13-2　页面效果

从上面的案例可以知道：由于 store 中的状态是响应式的，在组件中调用 store 中的状态简单到仅需要在计算属性中返回即可，触发变化也仅仅是在组件的 methods 中提交 mutation。

除了使用计算属性之外，还可以直接在页面中使用插值语法来调用 store 的状态，在插值中使用 "this.$store.state.count;" 调用 store 的 count 数据，在页面中可以省略 this，例如更改代码如下：

```
<div id="app">
    <p>计数</p>
    <button @click="reduce">减少</button>
```

```
        <button>{{$store.state.count}}</button>
        <button @click="add">增加</button>
    </div>
    <script>
        // 创建store
        const store=new Vuex.Store({
            // 初始 state 对象,存储count
            state:{
                count:0
            },
            //mutations对象用来更改状态,也是唯一一个可以更改状态的地方
            mutations:{
                // 定义更改状态的方法
                add:function(state){
                    state.count++;   //更改state中的count(增加)
                },
                reduce:function(state){
                    state.count--;   //更改state中的count(减少)
                }
            }
        });
        new Vue({
            el:"#app",
            store,   //在vue实例中注册store
            methods:{
                add:function () {
                    // 关联状态管理中的方法add,使用commit触发状态变更
                    store.commit('add')
                },
                reduce:function () {
                    // 关联状态管理中的方法reduce,使用commit触发状态变更
                    store.commit('reduce')
                }
            },
        })
    </script>
```

在谷歌浏览器中运行效果和前面案例一样。

可以发现更改后的代码，相比较不使用 Vuex 代码量变大，所以在使用 Vuex 的时候要根据自己的项目去选择。Vuex 多用于中、大型的项目，而对于小型的项目，推荐使用 HTML5 特有的属性：localStroage 和 sessionStroage 进行数据之间的传递。

13.4 在项目中使用 Vuex

在前面的案例中，只使用了 store 中的 state 和 mutations 对象，另外还有 getter 和 action 对象。下面来看一下，在脚手架搭建的项目中如何使用 Vuex 中的这些对象。

13.4.1 搭建一个项目

首先使用脚手架来搭建一个项目，在命令行中输入并执行 vue create vuex1 命令，在接下来配置选项中，选择手动配置，然后把 Vuex 勾选上（使用空格键选择），如图 13-3 所示。

项目创建完成后，目录结构中会出现一个 store 文件夹，文件夹中有一个 index.js 文件，如图 13-4 所示。

图 13-3　配置 Vuex　　　　图 13-4　src 目录结构

创建项目时配置 Vuex，创建完成后不需要再配置 Vuex，因为脚手架已经默认配置好了。index.js 默认创建了 store 实例对象。

下面来看一个电影排行榜的案例。在 vuex1 项目中的 components 文件夹下创建 film-one 和 film-two 两个组件，film-one 用来展示电影的页面效果，film-two 组件用来排列电影。然后把默认的 HelloWorld.vue 组件删除，并删除 App.vue 组件中的配置。

对于 film-one 和 film-two 两个组件，需要在 App.vue 中引入并注册，然后在根组件中定义与电影有关的数据，并且使用 v-bind 指令在子组件中绑定传递的电影数据，在 film-one 和 film-two 两个子组件中通过 props 获取电影数据。App.vue 的具体代码如下：

```vue
<template>
  <div id="app">
    <div>
      <div class="left">
        <Filmone v-bind:frames="frames"></Filmone>
      </div>
      <div class="right">
        <Filmtwo v-bind:frames="frames"></Filmtwo>
      </div>
    </div>
  </div>
</template>
<script>
import Filmone from './components/film-one.vue'
import Filmtwo from './components/film-two.vue'
export default {
  name:'App',
  components:{
    Filmone,
    Filmtwo
  },
  data(){
    return {
      frames:[
        {name:'钢铁侠',url:require('../public/images/1.png'),heat:15},
        {name:'蜘蛛侠',url:require('../public/images/2.png'), heat:13},
        {name:'超人',url:require('../public/images/3.png'),heat:12},
      ]
    }
  }
}
</script>
<style>
#app {
  width:100%;
  justify-content:center;
```

```
    }
    .left{
        width:70%;
        float:left;
    }
    .right{
        width:30%;
        float:right;
    }
</style>
```

在 film-one 组件中编写电影展示界面。首先使用 props 接收父组件中的电影数据,然后使用 v-for 渲染到页面。具体代码如下:

```
<template>
    <div id="film-one">
        <h2>电影展示效果</h2>
        <ul>
            <li v-for="frame in frames">
                <div><img :src="frame.url" alt="" width="100%"></div>
                <div>
                    <span class="name">{{frame.name}}——</span>
                    <span class="star">评分:{{frame.heat}}</span>
                </div>
            </li>
        </ul>
    </div>
</template>
<script>
    export default {
        name:"film-one",
        props:["frames"], //接收父组件传过来的值
    }
</script>
<style scoped>
    #film-one{
        margin-bottom:30px;
        padding:10px 20px;
        border:1px solid red;
    }
    #film-one ul{
        padding:0;
        overflow:hidden;
    }
    #film-one li{
        display:inline-block;
        margin-right:10px;
        margin-top:10px;
        padding:20px;
        background:rgba(255,255,255,0.7);
        float:left;
        width:25%;
    }
    .star{
        font-weight:bold;
        color:#e829cc;
    }
</style>
```

在 film-two 组件中编写电影列表。首先使用 props 接收父组件中的电影数据，然后使用 v-for 渲染到页面。具体代码如下：

```
<template>
    <div id="film-two">
        <h2>电影热度列表</h2>
        <ul>
            <li v-for="frame in frames">
                <h3 class="name">{{frame.name}}</h3>
                <span class="star">评分：{{frame.heat}}</span>
            </li>
        </ul>
    </div>
</template>
<script>
    export default {
        name:"film-two",
        props:["frames"]   //接收父组件传过来的值
    }
</script>
<style scoped>
    #film-two{
        margin-bottom:30px;
        padding:0px 20px;
        border:1px solid blue;
    }
    #film-two ul{
        padding:0;
        film-style-type:none;
    }
    #film-two li{
        margin-right:10px;
        padding:20px;
    }
    .star{
        font-weight:bold;
        color:#2618e8;
        display:block;
    }
</style>
```

编写完成后，执行 npm run serve 命令运行项目，在谷歌浏览器中输入"http://localhost:8080/"并打开，页面效果如图 13-5 所示。

图 13-5　项目运行效果

> **注意**：在使用 props 访问父组件数据时，需要在根组件中使用 v-bind 绑定数据。
>
> ```
> <filmone v-bind:frames="frames"></filmone>
> <filmtwo v-bind:frames="frames"></filmtwo>
> ```

这个项目中，不同的组件使用 props 属性接收 App 组件传递过来的数据。在接下来的内容中，将使用 Vuex 来实现数据的管理。

13.4.2 State 对象

在上面 vuex1 项目中，可以把共用的数据提取出来，也就是把传递的电影数据提取出来，放到状态管理的 state 对象中。创建项目时已经配置了 Vuex，所以直接在 store 文件夹下的 index 文件中编写即可，代码如下：

```
import Vue from 'vue'
import Vuex from 'vuex'
Vue.use(Vuex);
export default new Vuex.Store({
  state:{
    frames:[
      {name:'钢铁侠',url:require('../../public/images/1.png'),heat:8.9},
      {name:'蜘蛛侠',url:require('../../public/images/2.png'), heat:8.6},
      {name:'超人',url:require('../../public/images/3.png'),heat:7.6},
    ]
  },
})
```

其中，要注意图片的路径，这里与 App 组件中图片的路径是不一样的。

由于 Vuex 的状态存储是响应式的，从 store 实例中读取状态最简单的方法就是在计算属性中返回某个状态。

在 film-one 组件中获取传递过来的数据：

```
export default {
    name:"film-one",
    computed:{
        frames:function(){
            return this.$store.state.frames
        }
    }
}
```

在 film-two 组件中获取传递过来的数据：

```
export default {
    name:"film-two",
    computed:{
        frames:function(){
            return this.$store.state.frames
        }
    }
}
```

然后去掉组件间传递数据的相关代码，例如 props 属性和 App 组件中的 v-bind 指令。

更改后重新执行 npm run serve 命令运行项目，子组件获取数据，渲染到页面，效果如图 13-5 所示。

由于组件中的每一个属性都是函数，如果有许多个属性，那么就要写很多函数，且需要重复写 return this.$store.state，有些重复和冗余。Vue 提供了 mapState 辅助函数，它把 state 直接映射到组件中。

使用 mapState 辅助函数前，需要先在组件中引入 mapState 辅助函数：

```
import {mapState} from "vuex"; // 引入mapState
```

把组件 film-one 和组件 film-two 中的计算属性换成如下代码：

```
computed:mapState({
frames:'frames'
//'frames'直接映射到state对象中的frames,它相当于this.$store.state.frames
})
```

重新运行项目，可发现和上面的案例效果一样，如图 13-5 所示。

上面是使用对象的方法，还可以使用数组的方式：

```
computed:mapState([
    'frames'
])
```

13.4.3　Getter 对象

有时候组件获取 store 中的 state 状态后，需要对其进行加工才能使用。computed 属性中就需要写操作函数，如果有多个组件都需要进行这个操作，那么在各个组件中就要写相同的函数，那会非常的麻烦。

这时可以把这个相同的操作写到 store 中的 getters 对象中。每个组件只要引用 getter 就可以了，非常方便。getter 就是把组件中共有的对 state 的操作进行了提取，它就相当于是 state 的计算属性。getter 的返回值会根据它的依赖被缓存，且只有当它的依赖值发生改变才会被重新计算。

> **大牛提示**：getter 接受 state 作为其第一个参数。

例如，在上面项目的两个组件中，为电影排行榜中的每个 name 值都添加"*"号。

首先在 getters 对象中，添加操作的方法：

```
getters:{
    //定义方法varyFrames,传入state
    varyFrames:function(state){
      //使用map方法循环遍历frames
      var varyFrames=state.frames.map(frames=>{
            return {
              //对frames进行操作
              name:"**"+frames.name+"**",
              url:frames.url,
              heat:frames.heat
            }
        }
```

```
    );
    return varyFrames;
}
}
```

方法定义完成以后，便可以在组件中进行使用，即通过组件中的计算属性引入。在 film-one 和 film-two 组件中分别引入下面代码：

```
computed:{
    frames:function(){
        return this.$store.state.frames
    },
    varyFrames:function (){
        return this.$store.getters.varyFrames;
    }
}
```

并把循环遍历的 frames 换成 varyFrames，因为 varyFrames 是变更后的数组。

```
<li v-for="frame in varyFrames">
```

然后重新运行项目，页面效果如图 13-6 所示。

图 13-6　添加 "*" 效果

和 state 对象一样，getters 对象也有一个辅助函数 mapGetters，它是将 store 中的 getter 映射到局部计算属性中。首先引入辅助函数 mapGetters：

```
import { mapGetters } from 'vuex'
```

例如上面代码可简化为：

```
...mapGetters([
    'varyFrames'
])
```

如果想将 getter 属性另取一个名字，可以使用对象形式：

```
...mapGetters({
    varyFramesOne:'varyFrames'
})
```

> **注意**：这里把循环的名字换成新取的名字 varyFramesOne。

13.4.4 Mutation 对象

要更改 Vuex 的 store 中的数据，唯一方法就是提交 mutation。Vuex 中的 mutation 类似于事件。每个 mutation 都有一个字符串的事件类型（type）和一个回调函数（handler）。这个回调函数就是实际进行数据更改的地方，并且它会接受 state 作为第一个参数。

下面在项目的 film-one 中添加一个 \<button\> 按钮，当单击这个按钮时，项目中所有组件的 heat 的数量都将增加，这时就需要在 mutation 中进行定义。更改的数据，将会渲染到所有组件中。

下面是 mutations 中定义的方法：

```
mutations:{
    addStar:function(state){
      state.frames.map(function(frames){
        frames.heat+=0.5;
      })
    }
  }
```

在组件 film-one 的方法中，使用 this.$store.commit('addStar') 来提交 mutation，此时 film-one 组件的代码如下：

```
<template>
    <div id="film-one">
        <h2>电影展示效果<button @click="addStar()">增加评分</button></h2>
        <ul>
            <li v-for="frame in varyFrames">
                <div><img :src="frame.url" alt="" width="100%">
                </div>
                <div>
                    <span class="name">{{frame.name}}——</span>
                    <span class="star">评分：{{frame.heat}}</span>
                </div>
            </li>
        </ul>
    </div>
</template>
<script>
    export default {
        name:"list-one",
        computed:{
            frames:function(){
                return this.$store.state.frames;
            },
            varyFrames:function (){
                return this.$store.getters.varyFrames;
            }
        },
        methods:{
            addStar:function(){
                this.$store.commit('addStar')
            }
```

```
        }
    }
</script>
<style scoped>
    #film-one{
        margin-bottom:30px;
        padding:10px 20px;
        border:1px solid red;
    }
    #film-one ul{
        padding:0;

        overflow:hidden;
    }
    #film-one li{
        display:inline-block;
        margin-right:10px;
        margin-top:10px;
        padding:20px;
        background:rgba(255,255,255,0.7);
        float:left;
        width:25%;
    }
    .star{
        font-weight:bold;
        color:#e829cc;
    }
    button{
        width:150px;
        height:30px;
        font-size:20px;
        margin-left:50px;
    }
</style>
```

在 film-one 组件中对 star 进行更改后，所有组件中的 star 数据都会发生改变。

下面重新运行项目，然后单击"增加评分"按钮，可以发现组件 film-two 中的数据也发生了改变，如图 13-7 所示。

图 13-7　单击"增加评分"按钮效果

也可以使用 mapMutations 辅助函数将组件中的 methods 映射为 store.commit 调用。先引入 mapMutations 辅助函数：

```
import {mapMutations} from "vuex"
methods:{
        //数组形式
        ...mapMutations([
            'addStar',
// 将 this.addStar()映射为this.$store.commit('addStar')
        ]),
        // 对象形式
        ...mapMutations({
            //更名使用对象方式
            add:'addStar',
        }),
    }
```

13.4.5 Action 对象

Action 类似于 mutation，不同处在于。

（1）Action 提交的是 mutation，而不是直接变更状态。

（2）Action 可以包含任意异步操作。

在 Vuex 中提交 mutation 是更改状态的唯一方法，并且这个过程是同步的，异步逻辑都应该封装到 action 对象中。

Action 函数接收一个与 store 实例具有相同方法和属性的 context 对象，因此可以调用 context.commit 提交一个 mutation，或者通过 context.state 和 context.getters 来获取 state 和 getters 中的数据。

在上面的项目中，使用 action 对象执行异步操作，单击按钮后延迟 3 秒，增加 heat 的数量。在 index.js 文件中定义 action：

```
actions:{
        // context类似于store 实例
        addStar:(context)=>{
            //3秒后执行方法
            setTimeout(function(){
                //激活addStar方法
                context.commit('addStar')
            },3000);
        }
    }
```

在 film-one 组件的 methods 中触发：

```
methods:{
    addStar:function(){
        // Action 通过store.dispatch方法触发
        this.$store.dispatch('addStar')
    }
}
```

重启项目，然后单击"增加评分"按钮，可以发现页面会延迟 3 秒后增加 0.5。

还可以使用 mapActions 辅助函数完成上面的功能，将组件的 methods 映射为 store.dispatch 调用：

```
import { mapActions } from 'vuex'
methods:{
    ...mapActions([
```

```
            'addStar'
        ]),
        ...mapActions({
            //更名使用对象形式
            add:'addStar'
        })
    }
```

在 action 对象中,还可以传递参数。例如,单击一次按钮,让 heat 增加 1。此时 film-one 组件的具体代码如下:

```
<template>
    <div id="film-one">
        <h2>电影展示效果<button @click="addStar(1)">增加评分</button></h2>
        <ul>
            <li v-for="frame in varyFrames">
                <div><img :src="frame.url" alt="" width="100%">
                </div>
                <div>
                    <span class="name">{{frame.name}}——</span>
                    <span class="star">评分:{{frame.heat}}</span>
                </div>
            </li>
        </ul>
    </div>
</template>
<script>
    export default {
        name:"list-one",
        computed:{
            frames:function(){
                return this.$store.state.frames;
            },
            varyFrames:function (){
                return this.$store.getters.varyFrames;
            }
        },
        methods:{
            addStar:function(count){
                // Action通过store.dispatch方法触发
                this.$store.dispatch('addStar',count)
            }
        }
    }
</script>
```

在 index.js 文件中重新定义 mutations 和 actions 对象,代码如下:

```
mutations:{
        addStar:function(state,payload){
            state.frames.map(function(frames){
                frames.star+=payload;
            })
        }
    },
    actions:{
        // context类似于store 实例
        addStar:(context,payload)=>{
```

```
            //2秒后执行方法
            setTimeout(function(){
                //激活addStar方法
                context.commit('addStar',payload)
            },2000);
        }
    }
```

在谷歌浏览器中运行程序，单击"增加评分"按钮后，可以发现延迟 2 秒后 heat 增加 1。

13.5 新手疑难问题解答

▌疑问 1：Vuex 和单纯的全局对象有什么不同？

Vuex 和单纯的全局对象有以下两点不同。

（1）Vuex 的状态存储是响应式的。当 Vue 组件从 store 中读取数据的时候，若 store 中的状态发生变化，那么 Vuex 组件也会得到高效更新。

（2）不能直接改变 store 中的数据。改变 store 中数据的唯一途径就是显式地提交（commit）mutation。这样可以方便地跟踪每一个数据的变化，从而能够帮助我们更好地了解应用。

▌疑问 2：什么情况下使用 Vuex？

Vuex 可以帮助我们管理共享数据，并附带了更多的概念和框架。这需要对短期和长期效益进行权衡。

如果不打算开发大型单页应用，使用 Vuex 可能是繁琐冗余的。如果应用比较简单，最好不要使用 Vuex，一个简单的 store 模式就足够用了。但是，如果需要构建一个中大型单页应用，很可能会考虑如何更好地在组件外部管理数据，此时 Vuex 将会成为首选。

一般情况下，只有组件之间共享的数据，才有必要存储到 Vuex 中，对于组件中的私有数据，一般存储在组件自身的 data 选项中即可。

第14章 数据请求库——axios

在实际项目开发中,前端页面所需要的数据往往需要从服务器端获取,这必然需要与服务器通信,Vue 推荐使用 axios 来完成 Ajax 请求。本章来学习流行的网络请求库 axios,它是对 Ajax 的封装。因为其功能单一,只是发送网络请求,所以容量很小。axios 也可以和其他框架结合使用,下面就来看一下 Vue 如何使用 axios 请求数据。

14.1 什么是 axios

在实际开发中,或多或少都会进行网络数据的交互,一般都是使用工具来完成任务。现在比较流行的就是 axios 库。axios 是一个基于 promise 的 HTTP 库,可以用在浏览器和 node.js 中。

axios 具有以下特性。

(1)从浏览器中创建 XMLHttpRequests。
(2)从 node.js 创建 http 请求。
(3)支持 Promise API。
(4)拦截请求和响应。
(5)转换请求数据和响应数据。
(6)取消请求。
(7)自动转换 JSON 数据。
(8)客户端支持防御 XSRF。

14.2 安装 axios

安装 axios 的方法有以下几种。

1. 使用 CDN 方式

使用 CDN 方式安装,代码如下:

```
<script src="https://unpkg.com/axios/dist/axios.min.js"></script>
```

2. 使用 NPM 方式

在 Vue 脚手架中使用 axios 时,使用 NPM 安装方式,执行下面命令安装 axios:

```
npm install axios --save
```

安装完成后,在 main.js 文件中导入 axios,并绑定到 Vue 的原型链上。代码如下:

```
//引入axios
import axios from 'axios'
//绑定到Vue的原型链上
```

```
Vue.prototype.$axios=axios;
```

这样配置完成后,就可以在组件中通过 this.$axios 来调用 axios 的方法发送请求。

14.3 基本用法

下面就来看一下 axios 库的基本使用方法:json 数据的请求、跨域请求和并发请求。

14.3.1 get 请求和 post 请求

axios 有 get 请求和 post 请求两种方式。

在 Vue 脚手架中执行 get 请求,格式如下:

```
this.$axios.get('/url?key=value&id=1')
    .then(function(response){
        // 成功时调用
      console.log(response)
    })
    .catch(function(response){
        // 错误时调用
      console.log(response)
    })
```

get 请求接收一个 URL 地址,也就是请求的接口;then 方法在请求响应完成时触发,其中形参代表响应的内容;catch 方法在请求失败的时候触发,其中形参代表错误的信息。如果要发送数据,以查询字符串的形式附加在 url 的后面,以"?"分隔,数据采用 key=value 的形式,不同数据之间以"&"分隔。

如果不喜欢 url 后附加查询参数的方式,可以给 get 请求传递一个配置对象作为参数,在配置对象中使用 params 指定要发送的数据。代码如下:

```
this.$axios.get('/url',{
      params:{
        key:value,
        id:1
      }
    })
    .then(function (response){
        console.log(response);
    })
    .catch(function (error){
        console.log(error);
    });
```

post 请求和 get 请求基本一致,不同的是数据以对象的形式作为 post 请求的第二个参数,对象中的属性就是要发送的数据。代码如下:

```
this.$axios.post('/user',{
      username:"jack",
      password:"123456"
    })
    .then(function(response){
```

```
            // 成功时调用
    console.log(response)
})
.catch(function(response){
    // 错误时调用
    console.log(response)
})
```

接收到响应的数据后,需要对响应的信息进行处理。例如,设置用于组件渲染或更新所需要的数据。回调函数中的 response 是一个对象,它包括的属性很多,常用的属性是 data 和 status,data 用于获取响应的数据,status 是 HTTP 状态码。response 对象的完整属性说明如下:

```
{
  //config是为请求提供的配置信息
  config:{},

  //data是服务器发回的响应数据
  data:{},

  //headers是服务器响应的消息报头
  headers:{},

  //request是生成响应的请求
  request:{},

  //status是服务器响应的HTTP状态码
  status:200,

  //statusText是服务器响应的HTTP状态描述
  statusText:'ok',
}
```

成功响应后,获取数据的一般处理形式如下:

```
this.$axios.get('http://localhost:8080/data/user.json')
        .then(function (response){
          //user属性在Vue实例的data选项中定义
          this.user=response.data;
        })
        .catch(function(error){
          console.log(error);
        })
```

如果出现错误,则会调用 catch 方法中的回调函数,并向该回调函数传递一个错误对象。错误处理的一般形式如下:

```
this.$axios.get('http://localhost:8080/data/user.json')
        ...
        .catch(function(error){
          if(error.response){
            //请求已发送并接收到服务器响应,但响应的状态码不是200
            console.log(error.response.data);
            console.log(error.response.status);
            console.log(error.response.headers);
          }else if(error.response){
            //请求已发送,但未接收到响应
            console.log(error.request);
```

```
      }else{
        console.log("Error",error.message);
      }
      console.log(error.config);
    })
```

14.3.2 请求 json 数据

了解了 get 和 post 请求,下面就来看一个使用 axios 请求 json 数据的实例。

首先使用 Vue 脚手架创建一个项目,这里命名为 axiosdemo,配置选项默认即可。创建完成之后进入目录启动项目,然后安装 axios:

```
npm install axios --save
```

安装完成之后,在 main.js 文件中配置 axios,具体请参考 14.2 小节。

完成以上步骤,在目录中的 public 文件夹下创建一个 data 文件夹,在该文件夹中创建一个 json 文件 user.json。user.json 的内容如下:

```
[
  {
    "name":"小明",
    "pass":"123456"
  },
  {
    "name":"小红",
    "pass":"456789"
  }
]
```

> **大牛提醒**:json 文件必须要放在 public 文件夹下面,放在其他位置是请求不到数据的。

然后在 HelloWorld.vue 文件中使用 get 请求 json 数据,其中 http://localhost:8080 是运行 axiosdemo 项目时给出的地址,data/user.json 指 public 文件夹下的 data/user.json。具体代码如下:

```
<template>
  <div class="hello"></div>
</template>
<script>
export default {
  name:'HelloWorld',
  created(){
    this.$axios.get('http://localhost:8080/data/user.json')
          .then(function (response){
            console.log(response);
          })
          .catch(function(error){
            console.log(error);
          })
  }
}
</script>
```

在谷歌浏览器中输入 http://localhost:8080 运行项目,打开控制台,可发现控制台中已经打印了 user.json 文件中的内容,如图 14-1 所示。

```
▼{data: Array(2), status: 200, statusText: "OK", headers: {…}, config: {…}, …}                HelloWorld.vue?140d:10
    ▶ config: {url: "http://localhost:8080/data/user.json", method: "get", headers: {…}, transfor…
    ▼ data: Array(2)
      ▶ 0: {name: "小明", pass: "123456"}
      ▶ 1: {name: "小红", pass: "456789"}
        length: 2
      ▶ __proto__: Array(0)
    ▶ headers: {accept-ranges: "bytes", content-length: "115", content-type: "application/json; c…
    ▶ request: XMLHttpRequest {readyState: 4, timeout: 0, withCredentials: false, upload: XMLHttp…
      status: 200
      statusText: "OK"
    ▶ __proto__: Object
```

图 14-1　请求 json 数据

14.3.3　跨域请求数据

在上一节的案例中，是使用 axios 请求同域下面的 json 数据，而实际情况往往都是跨域请求数据。在 Vue CLI 中要想实现跨域请求，需要配置一些内容。首先在 axiosdemo 项目目录中创建一个 vue.config.js 文件，该文件是 Vue 脚手架项目的配置文件，在这个文件中设置反向代理：

```
module.exports = {
    devServer:{
        proxy:{
            //api是后端数据接口的路径
            '/api':{
                //后端数据接口的地址
                target:'https://yiketianqi.com/api?version=v9&appid=24782869&a
                ppsecret=Vfo8Bk9S',
                changeOrigin:true,    //允许跨域
                pathRewrite:{
                    '^/api':''        //调用时用api替代根路径
                }
            }
        }
    },
    lintOnSave:false   //关闭eslint校验
}
```

其中，target 属性中的路径是一个免费的天气预报 API 接口，接下来就使用这个接口实现跨域访问。访问 http://www.tianqiapi.com/index，打开"API 文档"，注册自己的开发账号，然后进入个人中心，选择"专业七日天气"，如图 14-2 所示。

图 14-2　专业七日天气

进入专业七日天气的接口界面，会给出请求的一个路径，这个路径就是我们跨域请求的地址。

完成上面的配置，然后在 axiosdemo 项目的 HelloWorld.vue 组件中进行跨域请求：

```
<template>
  <div class="hello">
    {{city}}
  </div>
</template>
<script>
export default {
  name:'HelloWorld',
  data(){
    return{
      city:""
    }
  },
  created(){
    //保存vue实例,因为在axios中，this指向的就不是vue实例了，而是axios
    var that=this;
    this.$axios.get('/api')
            .then(function (response){
              that.city =response.data.city
              console.log(response);
            })
            .catch(function(error){
              console.log(error);
            })
  }
}
</script>
```

在谷歌浏览器中运行 axiosdemo 项目，在控制台中可以看到跨域请求的数据，页面中也会显示请求的城市，如图 14-3 所示。

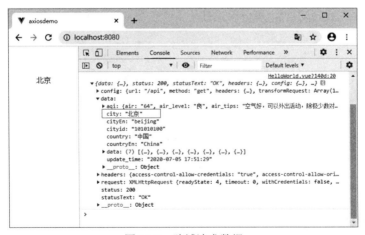

图 14-3　跨域请求数据

14.3.4　并发请求

很多时候，可能需要同时调用多个后台接口，可以利用 axios 库提供的并发请求助手函数来实现：

```
axios.all(iterable)
```

```
axios.spread(callback)
```

下面结合前面两小节的案例，更改 HelloWorld 组件的内容，同时请求 json 数据和跨域请求数据。

```
<template>
  <div class="hello"></div>
</template>
<script>
export default {
  name:'HelloWorld',
    //定义请求方法
    get1:function(){
      return this.$axios.get('http://localhost:8080/data/user.json');
    },
    get2:function(){
      return this.$axios.get('/api');
    }
  },
  created(){
    var that=this;
    this.$axios.all([that.get1(), that.get2()])
          .then(this.$axios.spread(function (get1, get2){
      // 两个请求现在都执行完成
      //get1是that.get1()方法请求的响应结果
      //get2是that.get2()方法请求的响应结果
      console.log(get1);
      console.log(get2);
    }));
  }
}
</script>
```

在谷歌浏览器中运行项目，可以看到打印了两条数据，如图 14-4 所示。

图 14-4　并发请求

14.4　axios API

可以通过向 axios 传递相关配置来创建请求。

get 请求和 post 请求的调用形式如下：

```
//发送get请求
this.$axios({
  method:'get',
  url:'/user/12345',
});
```

```
// 发送post请求
this.$axios({
  method:'post',
  url:'/user/12345',
  data:{
    firstName:'Fred',
    lastName:'Flintstone'
  }
});
```

例如，使用 get 请求天气预报接口，更改 HelloWorld 组件，代码如下：

```
// 发送get请求
this.$axios({
  method:'get',
  url:'/api',
}).then(function(response){
  console.log(response)
});
```

在谷歌浏览器中运行 axiosdemo 项目，结果如图 14-5 所示。

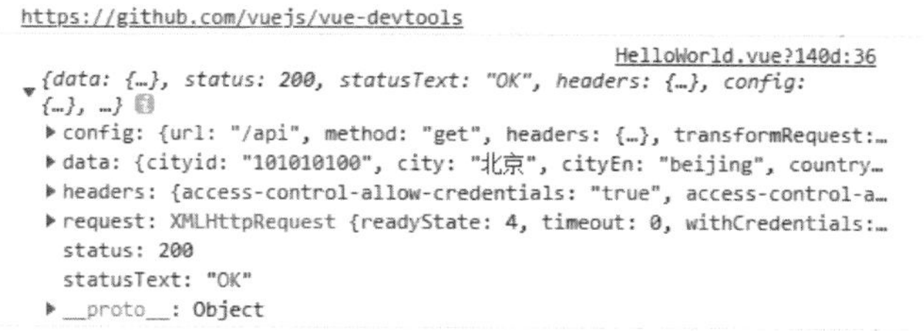

图 14-5　axios API

为方便起见，axios 库为所有支持的请求方法提供了别名。代码如下：

```
axios.request(config)
axios.get(url[, config])
axios.delete(url[, config])
axios.head(url[, config])
axios.post(url[, data[, config]])
axios.put(url[, data[, config]])
axios.patch(url[, data[, config]])
```

在使用别名方法时，url、method、data 这些属性都不必在配置中指定。

14.5　请求配置

axios 库为请求提供了配置对象，在该对象中可以设置很多选项，常用的是 url、method、headers 和 params。其中只有 url 是必需的，如果没有指定 method，请求将默认使用 get 方法。配置对象的完整内容如下：

```
{
  // url 是用于请求的服务器 URL
  url:'/user',

  // method 是创建请求时使用的方法
  method:'get', // 默认是 get
```

```
// baseURL 将自动加在 url 前面，除非 url 是一个绝对URL
// 它可以通过设置一个 baseURL,便于为 axios 实例的方法传递相对URL
baseURL:'https://some-domain.com/api/',

// transformRequest 允许在向服务器发送前，修改请求数据
// 只能用在 PUT、 POST 和 PATCH 这几个请求方法中
// 后面数组中的函数必须返回一个字符串，或 ArrayBuffer，或 Stream
transformRequest:[function (data){
   // 对 data 进行任意转换处理
   return data;
}],

// transformResponse 在传递给 then/catch 前，允许修改响应数据
transformResponse:[function (data){
   // 对 data 进行任意转换处理
   return data;
}],

// headers 是即将被发送的自定义请求头
headers:{'X-Requested-With':'XMLHttpRequest'},

// params 是即将与请求一起发送的 URL 参数
// 必须是一个无格式对象(plain object)或 URLSearchParams 对象
params:{
   ID:12345
},

// paramsSerializer 是一个负责 params 序列化的函数
// (e.g. https://www.npmjs.com/package/qs, http://api.jquery.com/jquery.param/)
paramsSerializer:function(params){
   return Qs.stringify(params, {arrayFormat:'brackets'})
},

// data 是作为请求主体被发送的数据
// 只适用于这些请求方法 PUT、 POST 和 PATCH
// 在没有设置 transformRequest 时，必须是以下类型之一
// - string、 plain object、 ArrayBuffer、 ArrayBufferView、 URLSearchParams
// - 浏览器专属: FormData、 File、 Blob
// - Node 专属:  Stream
data:{
   firstName:'Fred'
},

// timeout 指定请求超时的毫秒数(0 表示无超时时间)
// 如果请求花费超过了 timeout 的时间, 请求将被中断
timeout:1000,

// withCredentials 表示跨域请求时是否需要使用凭证
withCredentials:false, // 默认的

// adapter 允许自定义处理请求, 以使测试更轻松
// 返回一个 promise 并应用一个有效的响应 (查阅 [response docs](#response-api))
adapter:function (config){
   /* ... */
},

// auth 表示应该使用 HTTP 基础验证，并提供凭据
// 将设置一个Authorization头
//覆写掉现有的通过使用headers设置的自定义 Authorization头
auth:{
```

```
    username:'janedoe',
    password:'s00pers3cret'
  },

  // responseType表示服务器响应的数据类型
  //可以是arraybuffer、 blob、 document、 json、 text、 stream
  responseType:'json', // 默认的

  // xsrfCookieName 是用作 xsrf token 的值的cookie的名称
  xsrfCookieName:'XSRF-TOKEN', // 默认的

  // xsrfHeaderName 是承载 xsrf token 的值的 HTTP 头的名称
  xsrfHeaderName:'X-XSRF-TOKEN', // 默认的

  // onUploadProgress 允许为上传处理进度事件
  onUploadProgress:function (progressEvent){
    // 对原生进度事件的处理
  },

  // onDownloadProgress 允许为下载处理进度事件
  onDownloadProgress:function (progressEvent){
    // 对原生进度事件的处理
  },

  // maxContentLength 定义允许的响应内容的最大尺寸
  maxContentLength:2000,

  // validateStatus定义对于给定的HTTP响应状态码是resolve 或 rejectpromise
  //如果validateStatus返回true(或者设置为null或undefined), promise将被 resolve
  //否则, promise 将被 rejecte
  validateStatus:function (status){
    return status >= 200 && status < 300; // 默认的
  },

  // maxRedirects 定义在 node.js 中 follow 的最大重定向数目
  // 如果设置为0, 将不会 follow 任何重定向
  maxRedirects:5, // 默认的

  // 定义在执行 http 和 https 时使用的自定义代理。允许像这样配置选项
  // keepAlive 默认没有启用
  httpAgent:new http.Agent({ keepAlive:true }),
  httpsAgent:new https.Agent({ keepAlive:true }),

  // proxy定义代理服务器的主机名称和端口
  // auth 表示 HTTP 基础验证应当用于连接代理, 并提供凭据
  // 将会设置一个Proxy-Authorization 头
  //覆写掉已有的通过使用 header 设置的自定义 Proxy-Authorization 头
  proxy:{
    host:'127.0.0.1',
    port:9000,
    auth::{
      username:'mikeymike',
      password:'rapunz31'
    }
  },

  // cancelToken 指定用于取消请求的 cancel token
  cancelToken:new CancelToken(function (cancel){
  })
}
```

14.6 创建实例

可以使用自定义配置新建一个 axios 实例,之后使用该实例向服务端发起请求,就不用每次请求时重复设置选项了。使用 axios.create 方法创建 axios 实例,代码如下:

```
axios.create([config])
var instance = axios.create({
  baseURL:'https://some-domain.com/api/',
  timeout:1000,
  headers:{'X-Custom-Header':'foobar'}
});
```

14.7 配置默认选项

使用 axios 请求时,对于相同的配置选项,可以设置为全局的 axios 默认值。配置选项在 Vue 的 main.js 文件中设置,代码如下:

```
axios.defaults.baseURL = 'https://api.example.com';
axios.defaults.headers.common['Authorization'] = AUTH_TOKEN;
axios.defaults.headers.post['Content-Type'] = 'application/x-www-form-urlencoded';
```

也可以在自定义实例中配置默认值,这些配置选项只有在使用该实例发起请求时才生效。代码如下:

```
// 创建实例时设置配置的默认值
var instance = axios.create({
  baseURL:'https://api.example.com'
});
// 在实例创建后修改默认值
instance.defaults.headers.common['Authorization'] = AUTH_TOKEN;
```

配置会以一个优先顺序进行合并。先在 lib/defaults.js 中找到的库的默认值,然后是实例的 defaults 属性,最后是请求的 config 参数。后者将优先于前者。例如:

```
// 使用由库提供的配置的默认值来创建实例
// 此时超时配置的默认值是 0
var instance = axios.create();

// 覆写库的超时默认值
// 现在,在超时前,所有请求都会等待2.5秒
instance.defaults.timeout = 2500;

// 为已知需要花费很长时间的请求覆写超时设置
instance.get('/longRequest', {
  timeout:5000
});
```

14.8 拦截器

拦截器在请求或响应被 then 方法或 catch 方法处理前拦截它们,对请求或响应做一些操作。

```
// 添加请求拦截器
axios.interceptors.request.use(function (config){
    // 在发送请求之前做些什么
    return config;
}, function (error){
    // 对请求错误做些什么
    return Promise.reject(error);
});

// 添加响应拦截器
axios.interceptors.response.use(function (response){
    // 对响应数据做点什么
    return response;
}, function (error){
    // 对响应错误做点什么
    return Promise.reject(error);
});
```

如果想在稍后移除拦截器，可以执行下面的代码：

```
var myInterceptor = axios.interceptors.request.use(function (){/*...*/});
axios.interceptors.request.eject(myInterceptor);
```

可以为自定义 axios 实例添加拦截器：

```
var instance = axios.create();
instance.interceptors.request.use(function (){/*...*/});
```

14.9 综合实训——显示近 7 日的天气情况

下面使用 axios 库请求天气预报的接口，在页面中显示近 7 日的天气情况。具体代码如下：

```
<template>
  <div class="hello">
    <h2>{{city}}</h2>
    <h4>今天：{{date}} {{week}}</h4>
    <h4>{{message}}</h4>
    <ul>
      <li v-for="item in obj">
        <div>
          <h3>{{item.date}}</h3>
          <h3>{{item.week}}</h3>
          <img :src="get(item.wea_img)" alt="">
          <h3>{{item.wea}}</h3>
        </div>
      </li>
    </ul>
  </div>
</template>
<script>
export default {
  name:'HelloWorld',
  data(){
    return{
      city:"",
      obj:[],
```

```
      date:"",
      week:"",
      message:""
    }
  },
  methods:{
    //定义get方法，拼接图片的路径
    get(sky){
      return"durian/"+sky+".png"
    }
  },
  created(){
    this.get();   //页面开始加载时调用get方法
    var that=this;
    this.$axios.get("/api")
      .then(function(response){
        //处理数据
        that.city=response.data.city;
        that.obj=response.data.data;
        that.date=response.data.data[0].date;
        that.week=response.data.data[0].week;
        that.message=response.data.data[0].air_tips;
      })
      .catch(function(error){
        console.log(error)
      })
  }
}
</script>
<style scoped>
  h2,h4{
    text-align:center;
  }
  li{
    float:left;
    list-style:none;
    width:200px;
    text-align:center;
    border:1px solid red;
  }
</style>
```

在谷歌浏览器中运行 axiosdemo 项目，页面效果如图 14-6 所示。

图 14-6　近 7 日天气预报

14.10 新手疑难问题解答

疑问 1：如何将 axios 结合 vue-axios 插件一起使用？

如果想将 axios 结合 vue-axios 插件一起使用，该插件只是将 axios 集成到 Vue.js 的轻度封装，本身不能独立使用。可以使用如下命令一起安装 axios 和 vue-axios。

```
npm install axios vue-axios
```

安装 vue-axios 插件后，就不需要将 axios 绑定到 Vue 的原型链上了。使用形式如下：

```
import Vue from 'vue'
import axios from 'axios'
import VueAxios from 'vue-axios '
Vue.use(VueAxios,axios)    //安装插件
```

之后在组件内就可以通过 this.axios 调用 axios 的方法发送请求。

疑问 2：axios 有哪些常用方法？

axios 的常用方法如下。

（1）axios.get(url[, config])：get 请求用于列表和信息查询。

（2）axios.delete(url[, config])：删除操作。

（3）axios.post(url[, data[, config]])：post 请求用于信息的添加。

（4）axios.put(url[, data[, config]])：更新操作。

第15章 开发短视频社交App

本章结合前面所学的知识,使用脚手架来搭建仿抖音短视频社交 App 项目。

15.1 脚手架搭建项目

选择项目存在的路径,例如存放在 F:\myProject\douyin。使用 Vue CLI 创建项目,项目名称为 douyin。打开命令提示符窗口,使用命令创建:

```
vue create douyin
```

在刚开始创建项目时会弹出两个选项,这里选择默认选项,即可以开始创建项目。项目创建完成后,使用如下命令进入项目:

```
cd douyin
```

进入项目之后,便可以使用如下命令运行项目:

```
npm run serve
```

运行成功效果如图 15-1 所示。

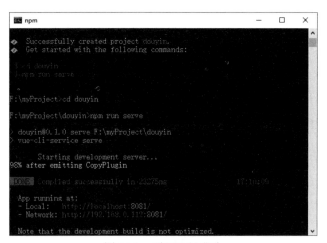

图 15-1　项目运行成功

在浏览器中运行 http://localhost:8081/ 可打开项目。

> **大牛提醒**:http://localhost:8081/ 是项目运行成功后给出的访问路径。每次重新运行项目有可能给出的路径不同,当默认端口被占用时,会给出其他端口,http://localhost:8081/ 就是默认端口被占用后给出的路径。生成的项目结构如图 15-2 所示。

图 15-2 只是初始化的项目结构,还需要创建一些其他目录,用来存放不同的内容,创建完成后的目录如图 15-3 所示。

图 15-2　初始化目录　　图 15-3　项目完成后的目录

在新建的项目结构中，views 文件夹用来存放页面级组件；components 文件夹用来存放一些小组件，这些小组件可以重复利用，通常 views 中的组件不会被复用；router.js 用来配置项目的路由；vue.config.js 是一个可选的配置文件。public 文件夹下存放着项目用到的一些数据，其中 iconfont 是阿里图标库中的一些图标，可以访问 https://www.iconfont.cn/ 下载项目需要的图标，所需要的图标如图 15-4 所示。

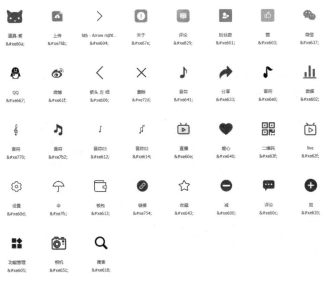

图 15-4　项目使用的阿里图标

15.2　Home 组件

Home 组件是主要组件，包括首页、附近、拍摄（一张图片）、消息和我 5 个页面级组件，通过底部导航栏组件进行切换。

15.2.1　配置 Home 组件路由

首先在 views 文件夹中创建一个 Home.vue 组件，内容如下：

```
<template>
  <div class="home">
   home组件
  </div>
</template>
<script>
export default {
  name:'Home',
</script>
```

创建完成后，在 router.js 文件中配置它的路由，代码如下：

```
import Vue from 'vue'
import Router from 'vue-router'
// 注册Router
Vue.use(Router)
// 引入组件
import Home from './views/Home.vue'
const router=new Router({
    routes:[
        {
            path:'/',            //定义访问路径
            name:'home',         //定义路由名称
            component:Home,      //指明组件
        }
    ]
})
// 导出路由对象
export default router
```

配置完路由，还需要在 App.vue 组件中添加 `<router-view></router-view>` 组件，路由匹配到的组件将显示在这里。代码如下：

```
<template>
  <div id="app">
<router-view></router-view>
  </div>
</template>
<script>
export default {
  name:'App',
}
</script>
```

然后重新运行项目，在谷歌浏览器中打开项目，按 F12 键打开控制台，然后单击 toggle device toolbar（切换设备工具栏）图标，选择 iPhone 6/7/8 选项，后面的内容都是在这里模拟的效果。在谷歌浏览器中打开 http://localhost:8080/，运行结果如图 15-5 所示。

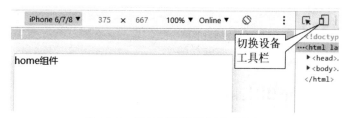

图 15-5　谷歌浏览器模拟移动设备

到这里，Home 组件的路由就配置完成了，后面路由的配置都是在 router.js 文件中完成的。

15.2.2 底部导航栏组件

底部导航栏组件是 Home 组件下的一个小组件，所以在 components 文件夹下创建。首先在 components 文件夹下创建一个 Home 文件夹，用来存放和 Home 组件相关的组件。在 Home 组件下创建底部导航栏组件 TabBar.vue。

底部导航栏用来切换 5 个页面级的组件，内容如下：

```
<template>
    <div class="tab-bar">
        <div class="item" @click="changeTab(0)">
            <router-link to="/index" tag="span" :class="tabIndex==0?'active':''" ">首页
            </router-link>
        </div>
        <div class="item" @click="changeTab(1)">
            <router-link to="/follow" tag="span" :class="tabIndex==1?'active':''" ">附近
            </router-link>
        </div>
        <div class="item" @click="changeTab(2)">
            <router-link to=" /publist"  tag=" span"  :class=" tabIndex==2?'active':''"  ">
                <img class="add" src="../../../public/images/add.png" alt="">
             </router-link>
        </div>
        <div class="item" @click="changeTab(3)">
            <router-link to="/msg" tag="span" :class="tabIndex==3?'active':''" ">消息
            </router-link>
        </div>
        <div class="item" @click="changeTab(4)">
            <router-link to="/sign" tag="span" :class="tabIndex==4?'active':''" ">我
            </router-link>
        </div>
    </div>
</template>
<script>
    export default{
        data(){
            return{
                tabIndex:0
            }
        },
        methods:{
            changeTab(index){
                this.tabIndex=index;
            }
        }
    }
</script>
<style scoped>
    .tab-bar{
        height:50px;
        line-height:50px;
        width:100%;
        background:#000;
        position:fixed;
        bottom:0;
```

```css
            color:#cccccc;
            font-size:16px;
            display:flex;
            justify-items:center;
            z-index:9;
        }
        .tab-bar .item{
            flex:1;
            text-align:center;
        }
        .tab-bar .item .active{
            color:#ffffff;
        }
        .tab-bar .item .add{
            width:50px;
            height:30px;
            padding:10px 0;
        }
</style>
```

其中，每个选项使用 <router-link></router-link> 组件指定跳转到的路由，当单击选项时，就会跳转到定义的路由。对于指定的路由，还需要给它绑定一个组件，激活这个路由时，就会显示这个绑定的组件。

然后在 Home 组件中引入底部导航栏组件，代码如下：

```vue
<template>
    <div class="home">
        <!-- 使用TabBar组件 -->
        <tab-bar></tab-bar>
    </div>
</template>
<script>
    // 引入TabBar组件
    import TabBar from '../components/home/TabBar.vue'
    export default {
        name:'Home',
        components:{
            TabBar,
        }
    }
</script>
```

运行项目，效果如图 15-6 所示。

图 15-6 底部导航栏组件效果

15.2.3 配置 Home 组件子路由

在底部导航栏组件中指定的路由，是显示在 Home 组件中的，所以首先需要在 Home 组件中添加 <router-view></router-view> 组件，可以简写为：

```vue
<template>
    <div class="home">
```

```
        <router-view/>
        <!-- 使用TabBar组件 -->
        <tab-bar></tab-bar>
    </div>
</template>
```

这样底部导航栏组件中指定的路由，其绑定的组件将在 Home 组件中显示。

底部导航栏组件中指定的路由，相对 Home 组件路由来说是子路由，所以使用 children 进行定义。

在 Home 组件中，默认让它显示 Index 组件，使用 redirect 属性进行设置。在 Index 组件中又定义了子路由，用来切换关注和推荐，这里让它们都绑定 VideoList.vue 组件。到这里就配置完了所有的路由，整个 Home 组件的路由代码如下：

```
// 默认显示首页
{
    path:'/',
    redirect:'/index'
},
{
    path:'/',
    name:'home',
    component:Home,
    children:[
        {
            path:'/index',
            name:'index',
            component:()=>import('./views/index/Index.vue'),
            children:[
                {
                    path:'/guanzhu',
                    name:'index',
                    component:()=>import('./components/index/VideoList.vue'),
                },
                {
                    path:'/tuijian',
                    name:'index',
                    component:()=>import('./components/index/VideoList.vue'),
                }
            ]
        },
        //附近人路由
        {
            path:'/follow',
            name:'follow',
            component:()=>import('./views/follow/Follow.vue')
        },
        //个人信息路由
        {
            path:'/me',
            name:'me',
            component:()=>import('./views/me/Me.vue')
        },
        //信息路由
        {
            path:'/msg',
            name:'/msg',
```

```
            component:()=> import('./views/msg/Msg.vue')
        }
    ]
},
```

路由配置完成之后，在目录中创建路由绑定的组件，例如 /views/index/Index.vue 就是在 views 文件夹下创建 index 文件夹，在 index 文件夹下创建 Index.vue 组件。

创建完绑定的组件之后，在 Index.vue 组件中编写如下内容：

```
<template>
    <div class="index">
        index
    </div>
</template>
```

运行项目，单击底部导航栏中的"首页"按钮，可以发现页面中会显示刚才添加的 index，如图 15-7 所示。

图 15-7　配置 Home 组件路由

> **大牛提醒**：对于项目中其他一些没有路由的组件，都是在路由绑定的组件上引用的。

配置完路由之后，下面小节将分别介绍绑定组件的内容。

15.3　首页组件

在 views 中创建 index 文件夹，在 index 文件夹中创建首页组件 Index.vue，首页组件由许多小的组件组成，下面分别来介绍这些小的组件。

15.3.1　顶部导航栏组件

在目录结构 components/index 下创建顶部导航栏组件 TopBar.vue。

因为它是在 Index 组件中显示的，所以需要在首页（Index 组件）中引用它：

```
<template>
    <div class="index">
        <!-- 使用TopBar.vue -->
        <top-bar></top-bar>
    </div>
</template>
<script>
    // 引用TopBar.vue
    import TopBar from '../../components/index/TopBar.vue'
    …
</script>
```

TopBar.vue 组件的具体内容如下：

```
<template>
    <div class="top-bar">
        <div class="left">
            <span class="iconfont icon-live"></span>
        </div>
        <div class="middle">
            <div class="item" @click="changeTop(0)">
                <router-link to="/guanzhu" tag="span" :class="topIndex==0?'active':'' ">
                    关注
                </router-link>
            </div>
            <div class="item" @click="changeTop(1)">
                <router-link to="/tuijian" tag="spanC :class="topIndex==1?'active':'' ">
                    推荐
                </router-link>
            </div>
        </div>
        <div class="right">
            <span class="iconfont icon-sousuo"></span>
        </div>
    </div>
</template>
<script>
    export default{
        data(){
            return{
                topIndex:1
            }
        },
        methods:{
            changeTop(index){
                this.topIndex=index;
            }
        }
    }
</script>
<style scoped>
    .top-bar{
        position:fixed;
        width:100%;
        height:60px;
        font-size:18px;
        color:#CCCCCC;
        padding:20px;
        display:flex;
```

```
            box-sizing:border-box;
            z-index:999;
        }
        .left, .right{
            width:30%;
        }
        .right{
            text-align:right;
        }
        .iconfont{
            font-size:24px;
        }
        .middle{
            width:40%;
            display:flex;
            justify-items:center;
        }
        .middle .item{
            flex:1;
            text-align:center;
        }
        .middle .item span{
            padding:5px 0;
        }
        .middle .item .active{
            color:#FFFFFF;
            border-bottom:2px solid #ffffff;
        }
    </style>
```

运行项目，单击"首页"按钮，可以看到顶部导航栏效果，如图15-8所示。由于没有设置背景，关注和推荐只有在选中时才显示。

图15-8　顶部导航栏效果

关注和推荐两个路由绑定了同一个 VideoList.vue 组件，也就是视频播放列表，所以切换关注和推荐显示的都是视频播放列表。

15.3.2 视频列表组件

视频列表组件使用 vue-awesome-swiper 插件来实现。

首先需要安置和配置插件。进入项目目录，使用 npm 进行安装：

```
npm install vue-awesome-swiper --save
```

安装完成之后，在 main.js 文件中挂载：

```
//导入vue-awesome-swiper滑动特效插件挂载轮播图
import VueAwesomeSwiper from 'vue-awesome-swiper'
import'swiper/css/swiper.css'
//使用VueAwesomeSwiper
Vue.use(VueAwesomeSwiper);
```

配置完插件后，在 components/index 文件夹下创建 VideoList.vue 组件，用来编写视频列表。然后在 Index 组件中引入并使用：

```
<template>
    <div class="index">
        <!-- 使用TopBar.vue -->
        <!-- 使用VideoList.vue -->
        <top-bar></top-bar>
        <video-list></video-list>
    </div>
</template>
<script>
    // 引入TopBar.vue
    import TopBar from '../../components/index/TopBar.vue'
    import VideoList from '../../components/index/VideoList.vue'
    export default{
        name:'Index',
        components:{
            TopBar,
            VideoList
        }
    }
</script>
```

在 VideoList.vue 组件中使用插件时先导入插件：

```
import { Swiper, SwiperSlide } from 'vue-awesome-swiper'    //导入组件
import 'swiper/css/swiper.css'
//在components属性中注册组件:
components:{
    SwiperSlide,
    Swiper,
},
```

VideoList.vue 组件的具体代码如下：

```html
<template>
    <div id="video-list">
        <swiper :options="swiperOption">
            <!-- 幻灯内容 循环渲染视频-->
            <swiper-slide v-for="(item,index) in dataList" :key="index">
                <!-- 因为没有播放器，视频不会显示，这里以数据测试为例 -->
                <h3>1234</h3>
            </swiper-slide>
        </swiper>
    </div>
</template>
<script>
    import { Swiper, SwiperSlide } from 'vue-awesome-swiper'    //导入组件
    import 'swiper/css/swiper.css'
    export default{
        name:'videoList',
        components:{
            SwiperSlide,
            Swiper,
        },
        data(){
            return {
                showComment:false,
                page:1,
                swiperOption:{
                    direction:"vertical",
                    grabCursor:true,
                    setWrapperSize:true,
 //自动高度。设置为true时，wrapper和container会随着当前slide的高度变化而变化
                    autoHeight:true,
                    slidesPerView:1,
                    mousewheel:true,
                    mousewheelControl:true,
                    height:window.innerHeight,   //高度设置，占满设备高度
                    resistanceRatio:0,
                    observeParents:true,
                },
                // 获取视频数据，这里使用的是本地数据
                dataList:[
                    {
                        id:"1",
                        url:"../../../vedios/1565225654682.mp4"
                    },
                    {
                        id:"2",
                        url:"../../../vedios/VID_20200610_225331.mp4"
                    },
                    {
                        id:"3",
                        url:"../../../vedios/wx_camera_1575988910049.mp4"
                    }
                ]
            }
        },
    }
</script>
```

运行项目，打开首页，可以看到渲染的数据，如图15-9所示。此时可以上下滑动来切换内容。

图 15-9　视频列表效果

> **大牛提醒**：如果报错 This dependency was not found:* swiper/dist/css/swiper.css in ./src/main.js。原因是在安装过程中，swiper/dist/css/swiper.css 这个官方路径在本项目中没有 dist 文件夹，所以找不到 swiper.css。可以删除安装包中的 /dist 目录，重新安装：
>
> ```
> npm install --save swiper
> ```

15.3.3　视频播放组件

视频列表组件使用 vue-video-player 插件来实现。

首先需要安置和配置插件。进入项目目录，使用 npm 进行安装：

npm install vue-video-player --save

在 main.js 文件中引入视频播放插件：

```
// 视频播放器
import'vue-video-player/src/custom-theme.css'
import'video.js/dist/video-js.css'
```

配置完成后，在 components/index 文件夹下面创建视频播放组件 Videos.vue。

在 Videos 组件中先引入播放插件，然后在视频播放组件 Videos 中配置一些参数，定义视频播放的方式。具体代码如下：

```
<template>
    <div class="videos">
        <video-player   class="video-player vjs-default-skin vjs-big-play-centered"
                        ref="videoPlayer"
                        :playsinline="true"
                        :options="playerOptions"
        >
        </video-player>
    </div>
</template>
<script>
    import { videoPlayer }from'vue-video-player'
    export default{
```

```js
name:'Videos',
props:["videoList","index"],
data(){
    return{
        playerOptions :{
            autoplay:false, //如果为true,浏览器准备好时开始回放
            muted:false, // 默认情况下将会消除任何音频
            loop:false, // 导致视频一结束就重新开始
            preload:'auto',
            fluid:true,
// 当为true时, Video.js player将拥有流体大小。换句话说，它将按比例缩放以适应其容器
            sources:[
                {
                    src:this.videoList.url, // 路径
                    type:'video/mp4' // 类型
                },
            ],
            width:document.documentElement.clientWidth,
//允许覆盖Video.js无法播放媒体源时显示的默认信息
            notSupportedMessage:'此视频暂无法播放，请稍后再试',controlBar:
            false
        },
        playing:true
    }
},
created(){
    // 在页面加载时调用autoPlayAction()方法自动播放
    this.autoPlayAction();
},
methods:{
    // 定义播放或暂停的方法
    playOrStop(){
        if(this.playing){
            this.$refs.videoPlayer.player.pause();
            this.playing=false;
        }else{
            this.$refs.videoPlayer.player.play();
            this.playing=true;
        }
    },
    // 自动播放第一个视频
    autoPlayAction(){
        if(this.index==0){
            this.playerOptions.autoplay=true;
        }
    },
    // 上滑、下滑时播放
    play(){
        // 播放时重新加载视频，从头开始播放
        this.$refs.videoPlayer.player.load();
        this.$refs.videoPlayer.player.play();
        this.playing=true;
    },
    // 上滑、下滑时暂停
    stop(){
        this.$refs.videoPlayer.player.pause();
        this.playing=false;
    }
},
```

```
            components:{
                videoPlayer
            }
        }
    </script>
    <style>
        .videos{
            position:relative;
        }
        /* 定义播放按钮的样式 */
        .videos .vjs-default-skin>.video-js .vjs-big-play-button{
            background:rgba(0,0,0,0.45);
            font-size:30px;
            border-radius:50%;
            width:40px;
            height:40px;
            line-height:36px;
            position:absolute;
            top:50%;
            left:50%;
            transform:translate(-50%,-50%)!important;
            margin-top:0;
            margin-left:0;
        }
    </style>
```

最后在 VideoList.vue 组件中引入和使用 Videos.vue 组件，并实现视频的上滑、下滑暂停功能：

```
    <template>
        <div id="video-list">
            <swiper:options="swiperOption">
                <!-- 幻灯内容 -->
                <swiper-slide v-for="(item,index) in dataList" :key="index">
                    <div>
                        <!-- 使用Videos组件 -->
                        <videos ref="videos" :videoList="item" :index="index"></videos>
                    </div>
                </swiper-slide>
            </swiper>
        </div>
    </template>
    <script>
        import { Swiper, SwiperSlide } from'vue-awesome-swiper'    //引入组件
        import'swiper/css/swiper.css'
        import Videos from'./Videos'
        export default{
            name:'videoList',
            components:{
                ...
                Videos,
            },
            data(){
                return {
                    ...
                    // 实现暂停功能
                    on:{
                        tap:()=>{
```

```
                    this.playAction(this.page - 1)
                },
                //详见: https://www.swiper.com.cn/api/event/290.html
                slideNextTransitionStart:()=>{
                    this.page +=1;
                    this.nextVideo(this.page - 1)
                },
                slidePrevTransitionEnd:()=>{
                    if(this.page>1){
                        this.page -=1;
                        this.preVideo(this.page - 1)
                    }
                },
            }
        },
        methods:{
            playAction(index){
                this.$refs.videos[index].playOrStop()
            },
            // 上滑
            preVideo(index){
                this.$refs.videos[index+1].stop()
                this.$refs.videos[index].play()
            },
            // 下滑
            nextVideo(index){
                this.$refs.videos[index-1].stop()
                this.$refs.videos[index].play()
            }
        }
    }
</script>
```

运行项目，单击"首页"按钮，可以看到视频已经自动播放，并可以上下滑动自动播放和暂停。暂停播放效果如图 15-10 所示，上滑播放效果如图 15-11 所示。

图 15-10 暂停播放效果

图 15-11 视频播放效果

15.3.4 点赞和分享组件

在 components/index 文件夹下创建 RightBar.vue 组件，在 VideoList 组件中引入并使用：

```
<template>
    <div id="video-list">
        <swiper :options="swiperOption">
            <!-- 幻灯内容 -->
            <swiper-slide v-for="(item,index) in dataList" :key="index">
                ...
                <!-- 右侧列表 -->
                <div class="right_warp">
                    <!-- 父组件接收子组件的方法 -->
                    <right-bar @changeCom="showCom"></right-bar>
                </div>
            </swiper-slide>
        </swiper>
    </div>
</template>
<script>
    import RightBar from './RightBar.vue'
    export default{
        name:'videoList',
        components:{
            ...
            RightBar
        }
    }
</script>
```

RightBar.vue 组件的实现代码如下：

```
<template>
    <div class="rightBar">
        <div class="rightBar-item">
            <div class="avatar-border">
                <img src="../../../public/images/head.jpg" alt="">
                <span class="iconfont icon-wuuiconxiangjifangda"></span>
            </div>
        </div>
        <!-- 点赞 -->
        <div class="item-icon">
            <span class="iconfont icon-aixin"></span>
            <p>123w</p>
        </div>
        <!-- 评论 -->
        <!-- 当单击评论和评论图标时，将弹出评论信息 -->
        <div class="item-icon" @click.stop="showCom($event)">
            <span class="iconfont icon-pinglun"></span>
            <p>123w</p>
        </div>
        <!-- 分享 -->
        <div class="item-icon">
            <span class="iconfont icon-fenxiang"></span>
            <p>123w</p>
        </div>
        <div class="rightBar-item1">
            <div class="right-music">
```

```html
                    <img src="../../../public/images/head.jpg" alt="">
                </div>
            </div>
        </div>
    </template>
    <script>
        export default{
            name:"RightBar",
            props:['showComment'],
            methods:{
                showCom(e){
                    e.preventDefault();
                    this.$emit('changeCom',this.showComment)
                }
            }
        }
    </script>
    <style scoped>
        .rightBar{
            width:80px;
            text-align:center;
        }
        .rightBar rightBar-item{
            height:60px;
            width:100%;
            display:flex;
            justify-content:center;
            align-items:center;
        }
        .avatar-border{
            height:50px;
            border-radius:50%;
            position:relative;
            text-align:center;
        }
        .avatar-border img{
            width:49px;
            height:49px;
            border-radius:50%;
        }
        .avatar-border .icon-wuuiconxiangjifangda{
            color:#FE2C5A;
            position:absolute;
            top:40px;
            left:0;
            right:0;
        }
        .rightBar .item-icon{
            height:60px;
            text-align:center;
            padding-top:12px;
        }
        .item-icon .iconfont{
            color:#ffffff;
            font-size:30px;
        }
        .item-icon p{
            color:#ffffff;
            font-size:14px;
```

```css
        padding-top:5px;
    }
    .rightBar-item1{
        padding-top:30px;
    }
    .rightBar-item1 .right-music{
        height:54px;
        width:54px;
        background:#1B1B1B;
        border-radius:50%;
        display:flex;
        justify-content:center;      /* 水平居中 */
        align-items:center;          /* 垂直居中 */
        margin:0 auto;
        animation:round 6s linear infinite;
    }
    .right-music img{
        height:30px;
        width:30px;
        border-radius:50%;
    }
    @keyframes round{
        0%{transform:rotate(0deg);}
        100%{transform:rotate(360deg);}
    }
</style>
```

运行项目，点赞、分享和评论效果如图 15-12 所示。

图 15-12　点赞、分享和评论效果

15.3.5　发布者和歌曲滚动组件

在 components/index 文件夹下创建 InfoBar.vue 组件，在 VideoList 组件中引入并使用：

```
<template>
    <div id="video-list">
```

```
            <swiper :options="swiperOption">
                <!-- 幻灯内容 -->
                <swiper-slide v-for="(item,index) in dataList" :key="index">
                    ...
                    <!-- 底部说明 -->
                    <div class="infobar_warp">
                        <info-bar></info-bar>
                    </div>
                </swiper-slide>
            </swiper>
        </div>
</template>
<script>
    import InfoBar from'./InfoBar.vue'
    export default{
        name:'videoList',
        components:{
            ...
            InfoBar,
        }
    }
</script>
```

InfoBar.vue 组件的实现内容如下：

```
<template>
    <div class="info-bar">
        <div class="infobar-item"><span>@憨蛋儿</span></div>
        <div class="infobar-item"><span>可爱至极</span></div>
        <div class="infobar-item music-item">
            <span class="iconfont icon-icon-test"></span>
            <div  class="music-name">
                <span data-text="周杰伦">双节棍你好</span>
            </div>
        </div>
    </div>
</template>
<script>
</script>
<style scoped>
    .info-bar{
        color:#FFFFFF;
        font-size:16px;
        padding-left:10px;
    }
    .info-bar .infobar-item{
        padding:5px 0;
    }
    .info-bar .infobar-item .icon-yinfu1{
        margin-right:5px;
        display:block;
    }
    .music-item{
        display:flex;
    }
    .music-item .music-name{
        width:150px;
        white-space:nowrap;
        overflow:hidden;
```

```
        font-size:14px;
    }
    .music-item .music-name span{
        display:inline-block;
        animation:scroll 5s linear infinite;
    }
    .music-item .music-name span::after{
        content:attr(data-text);
        margin-left:30px;
    }
    @keyframes scroll{
        from{
            transform:translateX(0);
        }
        to{
            transform:translateX(calc(-50% - 20px));
        }
    }
</style>
```

运行项目，发布者和歌曲滚动组件效果如图 15-13 所示。

图 15-13　发布者和歌曲滚动组件效果

15.3.6　评论列表内容

评论列表的内容在 VideoList.vue 组件中开发，其中使用了 vue 中的动画效果 <transition>。默认情况下，评论列表是隐藏的，当单击右侧列表（RightBar.vue 组件）中的评论时弹出。具体的实现代码如下：

```
<template>
    <div id="video-list">
        ...
        <!-- 评论 -->
        <transition name="up">
            <div class="comment-warp-box" v-if="showComment">
```

```html
<div class="comment-warp">
    <div class="comment-list">
        <div class="comment-top">
            <div class="number">15.0w条评论</div>
            <div class="close" @click="close"><span class="iconfont icon-shanchu"></span></div>
        </div>
        <div class="comment-body">
            <div class="comment-box">
                <div class="comment-item">
                    <div class="user-pic">
                        <img src="../../../public/images/head1.jpg" alt="">
                    </div>
                    <div class="item-info">
                        <div class="reply">
                            <p class="name">安安</p>
                            <p class="reply-des">要加班今晚要加班要加班今晚要加班要加班今晚要加班要加班今晚要加班<span class="time">05-20</span></p>
                        </div>
                        <div class="zan">
                            <span class="iconfont icon-aixin"></span>
                            <p>200</p>
                        </div>
                    </div>
                </div>
                <!-- 回复 -->
                <div class="sub-comment-item">
                    <div class="user-pic">
                        <img src="../../../public/images/head1.jpg" alt="">
                    </div>
                    <div class="item-info">
                        <div class="reply">
                            <p class="name">拉西</p>
                            <p class="reply-des">
                                <span>回复</span>
                                <span class="re-name">安安：</span>
                                <span>123</span>
                                <span class="time">05-20</span>
                            </p>
                        </div>
                        <div class="zan">
                            <span class="iconfont icon-aixin"></span>
                            <p>200</p>
                        </div>
                    </div>
                </div>
                <!-- 回复条数 -->
                <div class="more">展开更多回复</div>
                <div class="comment-item">
                    <div class="user-pic">
                        <img src="../../../public/images/head1.jpg" alt="">
                    </div>
                    <div class="item-info">
                        <div class="reply">
                            <p class="name">安安</p>
```

```html
                    <p class="reply-des">要加班今晚要加班
要加班今晚要加班今晚要加班要加班今晚要加班<span class="time">05-20</span></p>
                </div>
                <div class="zan">
                    <span class="iconfont icon-aixin"></span>
                    <p>200</p>
                </div>
            </div>
        </div>
        <!-- 回复 -->
        <div class="sub-comment-item">
            <div class="user-pic">
             <img src="../../../public/images/head1.jpg"
              alt="">
            </div>
            <div class="item-info">
                <div class="reply">
                    <p class="name">拉西</p>
                    <p class="reply-des">
                        <span>回复</span>
                     <span class="re-name">安安：</span>
                        <span>123</span>
                        <span class="time">05-20</span>
                    </p>
                </div>
                <div class="zan">
                    <span class="iconfont icon-aixin"></span>
                    <p>200</p>
                </div>
            </div>
        </div>
        <!-- 回复条数 -->
        <div class="more">展开更多回复</div>
        <div class="comment-item">
            <div class="user-pic">
             <img src="../../../public/images/head1.jpg"
              alt="">
            </div>
            <div class="item-info">
                <div class="reply">
                    <p class="name">安安</p>
                    <p class="reply-des">要加班今晚要加班
要加班今晚要加班今晚要加班要加班今晚要加班<span class="time">05-20</span></p>
                </div>
                <div class="zan">
                    <span class="iconfont icon-
                     aixin"></span>
                    <p>200</p>
                </div>
            </div>
        </div>
        <!-- 回复 -->
        <div class="sub-comment-item">
            <div class="user-pic">
                <img src="../../../public/images/head1.
                 jpg" alt="">
            </div>
            <div class="item-info">
                <div class="reply">
```

```html
                                    <p class="name">拉西</p>
                                    <p class="reply-des">
                                        <span>回复</span>
                                        <span class="re-name">安安:</span>
                                        <span>123</span>
                                        <span class="time">05-20</span>
                                    </p>
                                </div>
                                <div class="zan">
                                    <span class="iconfont icon-aixin"></span>
                                    <p>200</p>
                                </div>
                            </div>
                        </div>
                        <!-- 回复条数 -->
                        <div class="more">展开更多回复</div>
                        <!-- 评论框 -->
                        <div class="reply-input">
                            <input type="text" id="" placeholder="留下你精彩的评论">
                            <span class="emoji">@</span>
                            <span class="iconfont icon-pinglun"></span>
                        </div>
                    </div>
                </div>
            </div>
        </transition>
    </div>
</template>
<script>
    export default{
        name:'videoList',
        methods:{
            ...
            / 弹出评论框
            showCom(){
                this.showComment=true;
            },
            // 关闭评论框
            close(){
                this.showComment=false;
            }
        }
    }
</script>
<style scoped>
    /* 评论部分样式 */
    /* 点击评论 向上滑动的动画 */
    .up-enter-active, .up-leave-active {
        transition:all .5s;
    }
    .up-enter, .up-leave-to{
        opacity:1;
        transform:translateY(100%);
    }
    .comment-warp-box{
        position:fixed;
```

```css
        bottom:0;
        left:0;
        height:500px;
        width:100%;
        z-index:88;
        background:#ffffff;
}
.comment-warp{
        position:fixed;
        bottom:55px;
        left:0;
        height:500px;
        width:100%;
        background:#ffffff;
        border-top-left-radius:10px;
        border-top-right-radius:10px;
        z-index:99;
        padding:10px 10px;
        box-sizing:border-box;
}
.comment-top{
        display:flex;
        align-items:center;
}
.number{
        flex:1;
        text-align:center;
}
.close{
        padding-right:10px;
        font-size:20px;
        color:#666;
}
.comment-body{
        max-height:450px;
        overflow:scroll;
        margin-top:20px;
}
.comment-item{
        display:flex;
}
.user-pic{
        width:33px;
        height:33px;
}
.user-pic img{
        width:33px!important;
        height:33px;
        border-radius:50%;
}
.item-info{
        margin-left:10px;
        display:flex;
        flex:1;
}
.reply{
        width:90%;
}
.reply-des{
        line-height:24px;
}
.reply .name{
        color:#666;
        font-size:14px;
        margin-bottom:10px;
}
.reply .time{
        color:#666;
}
.zan .iconfont{
        font-size:20px;
        color:#CCCCCC;
        margin:0 10px;
}
.zan p{
        color:#cccccc;
        margin-top:5px;
}
.sub-comment-item{
        display:flex;
        margin-left:33px ;
        margin-top:10px;
}
.re-name{
        padding:0 10px;
        color:#666;
}
.more{
        margin-top:20px;
        text-align:center;
}
.reply-input{
        width:100%;
        height:50px;
        position:fixed;
        bottom:0;
        left:0;
        background:#FFFFFF;
        align-items:center;
        display:flex;
}
.reply-input input{
        line-height:40px;
        width:70%;
        border:none;
        outline:none;
        padding:0 10px;
}
.reply-input .emoji{
        font-size:26px;
        color:#cccccc;
        margin-right:6%;
}
.reply-input .iconfont{
        font-size:26px;
        color:#cccccc;
}
</style>
```

运行项目，单击"首页"按钮，在右侧列表中单击评论，可弹出评论列表，效果如图15-14所示。

图15-14 评论列表效果

到这里，首页的内容就介绍完了，下面介绍附近组件的内容。

15.4 附近组件

在 views 中创建 follow 文件夹，在 follow 文件夹中创建附近组件 Follow.vue，附近组件由一个可复用的 Myheader.vue 组件和一些简单的页面内容组成。

Myheader.vue 组件定义了顶部的头部内容，由左、中、右3个部分组成，在其他组件复用时，需要的部分设置 true，不需要的部分设置 false。

```
<template>
    <div class="myHeader">
        <div class="back" v-if="hasLeft" @click="goBack">
            <span class="iconfont icon-jiantou3"></span>
        </div>
        <div class=""><span>{{title}}</span></div>
        <div class="right" v-if="hasRight"><span>{{rightTxt}}</span></div>
    </div>
</template>
<script>
    export default{
        name:"Myheader",
        props:{
            title:{
                type:String,
                required:true
            },
            rightTxt:{
                type:String,
                required:true
            },
            hasRight:{
                type:String,
                required:false
```

```
            },
            hasLeft:{
                type:String,
                required:false
            }
        },
        methods:{
            goBack(){
                // 触发父组件的方法
                this.$emit('changeBack')
            }
        }
    }
</script>
<style scoped>
    .myHeader{
        height:48px;
        width:100%;
        line-height:48px;
        display:flex;
        justify-content:center;
        border-bottom:1px solid #292831;
        background-color:#101821;
        color:#eeeeee;
        position:relative;
    }
    .back{
        position:absolute;
        left:10px;
    }
    .right{
        position:absolute;
        right:10px;
    }
</style>
```

在Follow.vue组件中首先引入并使用Myheader.vue组件，然后编写其他内容，具体代码如下：

```
<template>
    <div class="follow">
        <!-- 使用Myheader组件 -->
        <Myheader title="同城" rightTxt="false"></Myheader>
        <div class="vedio">
            <div class="son">
                <img src="../../../public/images/001.jpg" alt="">
                <div>#秋天的景色适合去旅游</div>
            </div>
            <div class="son1">
                <img src="../../../public/images/002.jpg" alt="">
                <div>#埃菲尔铁塔签到#哈哈哈 到此一游</div>
            </div>
            <div class="son">
                <img src="../../../public/images/003.jpg" alt="">
                <div>#我的家乡美美哒</div>
            </div>
            <div class="son1">
                <img src="../../../public/images/004.jpg" alt="">
                <div>#哈哈 第一次种花</div>
            </div>
```

```
            </div>
        </div>
</template>
<script>
    //引入Myheader组件
    import Myheader from '../../components/header/Myheader.vue'
    export default{
        name:"",
        components:{
            Myheader    //注册Myheader组件
        }
    }
</script>
<style scoped>
    .vedio{
        width:100%;
        background-color:#101821;
        color:#FFFFFF;
        overflow:hidden;
        padding-bottom:60px;
    }
    .son{
        float:left;
        width:49%;
    }
    .son1{
        float:right;
        width:49%;
    }
    .son, .son1 div{
        font-size:14px;
        font-weight:400;
        padding-bottom:15px;
    }
</style>
```

运行项目,单击底部导航栏中的"附近"按钮,效果如图15-15所示。

图 15-15　附近组件效果

15.5 发布组件

发布组件包括拍摄组件和上传组件。

15.5.1 拍摄组件

在 views 中创建 publist 文件夹，在 publist 文件夹下创建拍摄组件 Publist.vue。单击底部导航中的发布按钮进入拍摄组件，在拍摄组件中调用设备的摄像头，实现拍照和拍摄视频的功能。具体代码如下：

```
<template>
    <div class="pub-list">
        <div class="pub-top">
            <div class="back">
                <router-link to="/index" tag="span" class="iconfont icon-shanchu"></router-link>
            </div>
            <span ><span class="iconfont icon-yinfu1">选择音乐</span></span>
        </div>
        <div class="upload-box">
            <video ref="video" style="width:100%;height:500px;object-fit:fill;"src=""></video>
            <div class="upload-bar">
            <div class="bar-item">
            <div class="icon">
                    <svg class="icon" aria-hidden="true">
                        <use xlink:href="#icon-daoju-zi"></use>
                    </svg>
                </div>
                <p>道具</p>
            </div>
            <div class="bar-item" @click="getCamera">
                <div class="pub-border">
                    <div class="pub"></div>
                </div>
            </div>
            <div class="bar-item" @click="upload">
             <div class="icon">
                    <svg class="icon" aria-hidden="true">
                        <use xlink:href="#icon--"></use>
                    </svg>
                </div>
                <p >上传</p>
            </div>
            </div>
        </div>
    </div>
</template>
<script>
    export default{
        methods:{
            // 调用设备摄像头
            getCamera(){
                navigator.mediaDevices.getUserMedia({
                    video:true
                }).then(success=>{
```

```
                    this.$refs['video'].srcObject=success
                    this.$refs['video'].play()
                }).catch(err=>{
                    console.log(err)
                })
            },
            upload(){
                this.$router.push("/upload")
            }
        }
    }
</script>
<style scoped>
    .icon{
        width:1em;
        height:1em;
        vertical-align:-0.15em;
        fill:currentColor;
        overflow:hidden;
        font-size:40px;
        border:1px solid red;
        margin-bottom:5px;
        border-radius:5px;
    }
    .pub-list{
        background-color:#cccccc;
        color:#FFFFFF;
    }
    .pub-top{
        height:44px;
        line-height:44px;
        display:flex;
        justify-content:center;
        color:#FFFFFF;
        font-size:16px;
        position:relative;
    }
    .back{
        position:absolute;
        left:10px;
    }
    .back span{
        font-size:26px ;
    }
    .upload-box{
        background-color:#cccccc;
        height:-webkit-fill-available;
    }
    .upload-box .upload-bar{
        position:fixed;
        bottom:0;
        display:flex;
        height:100px;
        justify-content:space-between;
        width:100%;
        padding:0 50px;
        box-sizing:border-box;
    }
```

```
        .upload-box .upload-bar p{
            color:#000;
        }
        .pub-border{
            display:flex;
            align-items:center;
            justify-content:center;
            height:50px;
            width:50px;
            border-radius:50%;
            border:1px solid #cb6074;
            box-shadow:-3px 0 3px #cb6074,3px 0 3px #cb6074,0 -3px 3px #cb6074,03px
            3px #cb6074;
        }
        .pub{
            height:45px;
            width:45px;
            border-radius:50%;
            background-color:#fe2c55;
        }
</style>
```

运行项目，单击底部导航中的发布按钮，将跳转到拍摄组件，效果如图 15-16 所示。

图 15-16　拍摄组件效果

15.5.2　上传组件

在 views 中创建 publist 文件夹，在 publist 文件夹下创建上传组件 Upload.vue。在拍摄组件中单击"上传"按钮可进入上传组件中，选择上传的图片或者视频。单击"下一步"按钮进入发布页面，在发布页面中调用高德地图 API，获取当前城市的位置。

```
<template>
    <div class="up-load">
        <div class="pub-top">
```

```html
        <div class="back">
            <router-link to="/publist"tag="span" class="iconfonticon-
            shanchu" ></router-link>
        </div>
    <span>所有照片<spanclass="iconfont icon-yinfu1"></span></span>
        <div class="right">
            <span @click="toNext">下一步</span>
        </div>
    </div>
    <div class="upload-tab">
        <div class="nav-bar">
            <div class="item" @click="changeTab(0)":class="indexTab==0?'
            active':''">作品</div>
            <div class="item" @click="changeTab(1)":class="indexTab==1?'
            active':''">动态</div>
        </div>
        <div class="tab-wrap">
            <div class="tab-con" v-show="indexTab===0">
                <div class="file-btn">
                    <a href="" class="btn">
                        <input type="file" class="hide">
                        更多视频
                    </a>
                </div>
                <div class="tab-video" v-for="(item,index) in
                dataList":key="index">
                    <div class="tab-v">
                        <video :src="item.url"></video>
                    </div>
                </div>
            </div>
            <div class="tab-con" v-show="indexTab===1">
                <div class="file-btn">
                    <a href="" class="btn">
                        <input type="file" class="hide">
                        更多图片
                    </a>
                </div>
                <div class="tab-img-box">
                    <div class="tab-img" v-for="(item,index) in
                    imgList":key="index">
                        <img :src="item.url">
                        <div class="sel-icon">
                            <span>1</span>
                        </div>
                    </div>

                </div>
            </div>
        </div>
</div>
<!-- 发布 填写信息-->
<div class="edit-pub" v-if="editShow">
    <myheader :hasLeft="true" title="发布"></myheader>
    <div class="text-warp">
        <div class="text-box">
            <div class="text-contr">
                <textarea cols="30" rows="5" placeholder="写标题并使用合
                适的话题,能让更多人看到~"></textarea>
                <button>#话题</button>
```

```html
                    <button>@好友</button>
                </div>
                <div class="sele-img">
                    <img src="../../../public/images/vedio.jpg" alt="">
                </div>
            </div>
            <div class="edit-box">
                <div class="edit-item">
                    <span class="label"><span></span>{{path}}</span>
                    <span>名字<span class="icon">→</span></span>
                </div>
                <div class="edit-item">
                    <span class="label"><span></span>谁可以看</span>
                    <span>公开<span class="icon">→</span></span>
                </div>
                <div class="pub-save">
                    <button class="lg-btn save-btn">草稿</button>
                    <button class="lg-btn p-btn">发布</button>
                </div>
            </div>
        </div>
    </div>
</template>
<script>
    import AMapfrom 'AMap'
    import Myheader from'../../components/header/Myheader.vue'
    export default{
        components:{
            Myheader
        },
        data(){
            return{
                editShow:false,
                path:'',
                indexTab:0,
                dataList:[
                    {
                        id:"1",
                        url:"../../../vedios/1565225654682.mp4"
                    },
                    {
                        id:"2",
                        url:"../../../vedios/VID_20200610_225331.mp4"
                    }
                ],
                imgList:[
                    {
                        id:"1",
                        url:"https://img.cc0.cn/pixabay/20191029011295322006.jpg/cc0-cn"
                    },
                    {
                        id:"2",
                        url:"https://img.cc0.cn/pixabay/20191029011295322006.jpg/cc0-cn"
                    },
                    {
                        id:"3",
                        url:"https://img.cc0.cn/pixabay/20191029011295322006.jpg/cc0-cn"
                    },
                ]
```

```
                    }
                },
                created(){
                    this.getLocation();
                    this.postimg="http://video.jishiyoo.com/3720932b9b474f51a4cf79f24532
5118/913d4790b8f046bfa1c9a966cd75099f-8ef4af9b34003bd0bc0261cda372521f-1d.mp4?x-oss-
process=video/snapshot,t_7000,f_jpg,w_800,h_600,m_fast"
                },
                methods:{
                    changeTab(index){
                        this.indexTab=index;
                    },
                    toNext(){
                        this.editShow=true;
                    },
                    getLocation(){
                        var self=this;
                        AMap.plugin('AMap.CitySearch', function () {
                            var citySearch = new AMap.CitySearch()
                            citySearch.getLocalCity(function (status, result){
                                if (status === 'complete' && result.info === 'OK'){
                                    // 查询成功，result即为当前所在城市信息
                                    self.path=result.city
                                }
                            })
                        })
                    }
                }
            }
    </script>
    <style scoped>
        .pub-top{
            height:44px;
            line-height:44px;
            display:flex;
            justify-content:center;
            color:#000;
            font-size:16px;
            position:relative;
        }
        .pub-top span{
            font-size:20px;
            font-weight:bold;
        }
        .back{
            position:absolute;
            left:10px;
        }
        .back span{
            font-size:26px;
        }
        .upload-tab .nav-bar{
            display:flex;
            align-items:center;
            padding:14px 0;
        }
        .upload-tab .nav-bar .item{
            width:50%;
            text-align:center;
            padding:14px 0;
```

```css
}
.upload-tab .nav-bar .active{
    border-bottom:2px solid #f4cb18;
}
.tab-con{
    display:flex;
    flex-wrap:wrap;
}
.tab-video{
    width:25%;
}
.file-btn{
    position:fixed;
    bottom:60px;
    left:20px;
}
.file-btn .btn{
    outline:none;
    background-color:#FFFFFF;
    border:1px solid #cccccc;
    padding:12px 20px;
    border-radius:30px;
    box-shadow:3px 3px 3px #cccccc;
}
.file-btn .btn .hide{
    width:80px;
    opacity:0;
    position:absolute;
}
.no{
    height:100%;
    text-align:center;
    padding-top:50%;
    width:100%;
}
.tab-img-box{
    display:flex;
    flex-wrap:wrap;
}
.tab-img-box .tab-img{
    width:25%;
    position:relative;
}
.tab-img-box .tab-img .sel-icon{
    position:absolute;
    top:5%;
    color:#FFFFFF;
    width:20px;
    text-align:center;
    right:10px;
    border-radius:50%;
    height:20px;
    border:1px solid #CCCCCC;
    background:rgba(0,0,0,.3);
}
/* 发布 */
.edit-pub{
    background:#161824;
    position:fixed;
    width:100%;
```

```css
        height:100%;
        top:0;
        color:#ffffff;
    }
    .text-warp{
        padding:0 10px;
        box-sizing:border-box;
    }
    .text-box{
        display:flex;
        justify-content:space-between;
        align-items:center;
        padding:20px 0;
        border-bottom:1px solid #282A36;
    }
    .text-contr{
        width:80%;
    }
    .text-contr textarea{
        background:#161824;
        border:none;
        outline:none;
        color:#FFFFFF;
        font-size:16px;
    }
    .text-contr button{
        border-radius:4px;
        background:#3a3a44;
        color:#FFFFFF;
        border:none;
        outline:none;
        padding:8px 12px;
        margin-right:10px;
    }
    .sele-img img{
        width:100px;
        height:130px;
    }
    .edit-item{
        display:flex;
        justify-content:space-between;
        line-height:55px;
    }
    .edit-item .label{
        color:#FFFFFF;
    }
    .edit-item .iconfont{
        margin-right:10px;
    }
    .pub-save{
        position:fixed;
        bottom:10px;
        width:100%;
        padding:0 10px;
    }
    .pub-save .lg-btn{
        border:none;
        outline:none;
        width:44%;
```

```
        padding:15px 0;
    }
    .pub-save .save-btn{
        margin-right:1%;
        background-color:#3a3a44;
    }
    .pub-save .p-btn{
        background-color:#fe2b54;
    }
</style>
```

运行项目，单击拍摄组件中的"上传"按钮跳转到上传组件，效果如图 15-17 所示；单击"下一步"按钮将跳转到发布界面，效果如图 15-18 所示。

图 15-17　上传组件

图 15-18　发布效果

15.5.3　配置拍摄和上传组件的路由

在 router.js 文件中配置代码如下：

```
{
    path:'/publist',
    name:'/publist',
    component:()=> import('./views/publist/Publist.vue')
},
{
    path:'/upload',
    name:'/upload',
    component:()=> import('./views/publist/Upload.vue')
}
```

15.6　消息组件

在 views 中创建 msg 文件夹，在 msg 文件夹下创建消息组件 Msg.vue。组件中使用阿里图标设置图标。

```
<template>
```

```html
<div class="msg">
    <Myheader title="消息" rightTxt="false" ></Myheader>
    <div class="msg-warp">
        <div>
            <div class="mag-nav">
                <div class="mag-nav-item">
                    <div class="iconfont icon-box">
                        <svg class="icon" aria-hidden="true">
                            <use xlink:href="#icon-fensishu"></use>
                        </svg>
                    </div>
                    <p>粉丝</p>
                </div>
                <div class="mag-nav-item">
                    <div class="iconfont icon-box">
                        <svg class="icon" aria-hidden="true">
                            <use xlink:href="#icon-zan"></use>
                        </svg>
                    </div>
                    <p>赞</p>
                </div>
                <div class="mag-nav-item">
                    <div class="iconfont icon-box">
                        <svg class="icon" aria-hidden="true">
                            <use xlink:href="#icon-guanyu"></use>
                        </svg>
                    </div>
                    <p>@我的</p>
                </div>
                <div class="mag-nav-item">
                    <div class="iconfont icon-box">
                        <svg class="icon" aria-hidden="true">
                            <use xlink:href="#icon-pinglun1"></use>
                        </svg>
                    </div>
                    <p>评论</p>
                </div>
            </div>
            <div class="msg-ab">
              <img src="../../../public/images/bg.jpg" alt="">
            </div>
            <div class="down">
              <div>抖音好友圈</div>
                <div><button class="btn">下载</button></div>
            </div>
            <!-- 消息列表 -->
            <div class="msg-list-box">
                <div class="msg-list">
                  <img src="../../../public/images/head2.jpg" alt="">
                    <div class="user-des">
                        <div class="top">
                            <span>抖音小助手</span>
                            <span>12：20</span>
                        </div>
                        <div class="top top-msg">
                            <span>抖音安全课堂</span>
                            <span class="no-see"></span>
                        </div>
                    </div>
                </div>
```

```html
                    <div class="msg-list">
                        <img src="../../../public/images/head1.jpg" alt="">
                        <div class="user-des">
                            <div class="top">
                                <span>抖音小助手</span>
                                <span>2：20</span>
                            </div>
                            <div class="top top-msg">
                                <span>在干嘛？</span>
                                <span class="no-see"></span>
                            </div>
                        </div>
                    </div>
                </div>
            </div>
        </div>
    </div>
</template>
<script>
    import Myheader from'../../components/header/Myheader.vue'
    export default{
        components:{
            Myheader
        }
    }
</script>
<style scoped>
    .msg-warp{
        padding:0 20px;
        color:#ffffff;
        height:100%;
        background-color:#101821;
        /* 填满剩下的空间 */
        height:-webkit-fill-available;
    }
    .mag-nav{
        padding:20px 5px;
        display:flex;
        justify-content:space-between;
    }
    .mag-nav-item{
        text-align:center;
    }
    .mag-nav-item p{
        text-align:center;
    }
    .icon-box{
        height:40px;
        width:40px;
        border-radius:5px;
        margin-bottom:5px;
    }
    .icon{
        width:1em;
        height:1em;
        vertical-align:-0.15em;
        fill:currentColor;
        overflow:hidden;
        font-size:40px;
    }
```

```css
    .msg-ab{
        padding:20px 0;
        border-top:1px solid #242630;
        border-bottom:1px solid #242630;
    }
    .msg-ab img{
        height:120px;
        width:100%;
    }
    .down{
        padding:20px 0;
        color:#cccccc;
        display:flex;
        justify-content:space-between;
        border-bottom:1px solid #242630;
    }
    .down .btn{
        padding:8px 25px;
        border:none;
        outline:none;
        background-color:#FE2C55;
        color:#FFFFFF;
        border-radius:2px;
    }
    .msg-list-box{
        padding-top:30px ;
    }
    .msg-list{
        display:flex;
        padding:10px 0;
    }
    .msg-list img{
        width:50px;
        height:50px;
        border-radius:50%;
    }
    .user-des{
        flex:1;
        height:60px;
    }
    .user-des .top{
        font-size:14px;
        margin-left:10px;
        display:flex;
        justify-content:space-between;
        line-height:25px;
    }
    .top-msg{
        color:#666;
        align-items:center;
    }
    .no-see{
        width:8px;
        height:8px;
        border-radius:50%;
        background-color:#face15;
    }
</style>
```

运行项目，单击"消息"按钮进入消息组件，效果如图 15-19 所示。

图 15-19 消息组件效果

15.7 登录组件

登录组件包括手机验证码登录和密码登录两种方式，创建两个组件来实现这两种方式。

15.7.1 配置登录组件的路由

在 router.js 中配置登录组件的路由：

```
// 密码登录组件
{
    path:'/tbsign',
    name:'/tbsign',
    component:()=> import('./views/Tbsign.vue')
},
// 验证码登录组件
{
    path:'/code',
    name:'/code',
    component:()=> import('./views/Code.vue')
},
```

15.7.2 手机验证组件

在 views 文件夹下创建手机验证组件 sign.vue。

手机验证组件包括手机验证码登录和其他登录方式等内容，其他登录方式使用 vue 动画效果（<transition name="up">）来实现，单击"其他登录方式"按钮时内容从下往上出现。使用正则判断，当输入的手机格式正确时，激活"获取短信验证码"按钮。单击"获取短信验证码"按钮后，将会跳转到验证码验证组件 Code.vue；单击"密码登录"按钮将跳转到密码登录组件 Tbsign.vue。sign.vue 的代码如下：

```html
<template>
    <div class="sign">
        <div class="sign-header">
            <router-link to="/index" tag="span" class="iconfont icon-shanchu"></router-link>
            <span>帮助</span>
        </div>
        <div class="sign-content">
            <div class="des">
                <h2>登录后即可展示自己</h2>
                <p>登录即表明同意<a href="">抖音协议</a>和<a href="">隐私协议</a></p>
            </div>
            <div class="sign-box">
                <div class="sele">
                    <select v-model="telErea" class="sele-controll">
                        <option value="">+86</option>
                    </select>
                </div>
                <div class="inp">
                    <input v-model="phone" @input="changeTel" type="text" class="inp-controll" placeholder="请输入手机号" />
                </div>
            </div>
            <div class="not-sign">
                <p>未注册手机号验证通过后将自动登录</p>
            </div>
            <div class="code-btn">
                <button :disabled="disabled":class="[btnBg?'active':'']" @click="getCode">获取短信验证码</button>
            </div>
            <div class="other">
                <router-link tag="a" to="/tbsign">密码登录</router-link>
                <span @click="show">其他方式登录</span>
            </div>
        </div>
        <!-- 使用Vue的动态过渡效果 -->
        <transition name="up">
            <!-- 其他登录方式 -->
            <div class="mask" v-if="showMask">
                <div class="oauth">
                    <ul>
                        <li class="oauth-item">
                            <img src="../../public/images/tou.jpg" alt="">
                            <span>今日头条登录</span>
                        </li>
                        <li class="oauth-item">
                            <svg class="icon" aria-hidden="true">
                                <use xlink:href="#icon-QQ"></use>
                            </svg>
                            <span>QQ登录</span>
                        </li>
                        <li class="oauth-item">
                            <svg class="icon" aria-hidden="true">
                                <use xlink:href="#icon-weixin"></use>
                            </svg>
                            <span>微信登录</span>
                        </li>
                        <li class="oauth-item">
                            <svg class="icon" aria-hidden="true">
                                <use xlink:href="#icon-weibo"></use>
```

```html
                            </svg>
                            <span>微博登录</span>
                        </li>
                        <li class="space"></li>
                        <li class="oauth-item" @click="close">取消</li>
                    </ul>
                </div>
            </div>
        </transition>
    </div>
</template>
<script>
    export default{
        name:'Sign',
        data(){
            return{
                telErea:'',
                showMask:false,
                disabled:true,
                btnBg:false,
                phone:''
            }
        },
        methods:{
            getCode(){
                this.$router.push("/code")
            },
            show(){
                this.showMask=true;
            },
            close(){
                this.showMask=false;
            },
            changeTel(e){
                this.phone=e.target.value;
                var reg=/^1[345789]{1}\d{9}$/;
                if(reg.test(this.phone)){
                    this.btnBg=true;
                     this.disabled=false;
                }else{
                    this.btnBg=false;
                   this.disabled=true;
                }
            }
        }
    }
</script>
<style scoped>
    .sign{
        padding:30px;
    }
    .sign-header{
        display:flex;
        justify-content:space-between;
    }
    .sign-header .iconfont{
        font-size:25px;
    }
    .sign-content{
        padding:40px 10px;
```

```css
}
.des h2{
    font-size:24px;
    font-weight:bold;
}
.des p{
    line-height:50px;
    color:#666;
}
.des p a{
    color:#628db8;
    padding:0 5px;
}
.sign-box{
    display:flex;
    height:50px;
    align-items:center;
    background-color:#f9f9f9;
}
.sele-controll{
    background-color:#f9f9f9;
    height:36px;
    font-weight:bold;
    margin-left:5px;
    border:none;
    outline:none;
}
.inp-controll{
    background-color:#f9f9f9;
    height:36px;
    margin-left:10px;
    border:none;
    width:90%;
    outline:none;
}
input{
    caret-color:#fe2c55;
}
input::-webkit-input-placeholder{
    color:#666;
}
.not-sign p{
    color:#666;
    font-size:14px;
    margin-top:10 ;
}
.code-btn button{
    margin:20px 0;
    width:100%;
    padding:15px 0;
    border:none;
    color:#fff;
}
.code-btn .active{
    color:#fff;
    background-color:#FE2C55;
}
.other{
    display:flex;
    justify-content:space-between;
```

```css
        }
        .other a{
            color:#628db8;
        }
        .mask{
            width:100%;
            height:100%;
            position:fixed;
            top:0;
            left:0;
            background:rgba(0,0,0,0.4);
        }
        .oauth{
            height:48%;
            width:100%;
            position:absolute;
            bottom:0;
            border-top-left-radius:5px;
            border-top-right-radius:5px;
            background:#ffffff;
            text-align:center;
        }
        .oauth-item{
            border-bottom:1px solid #f5f5f5;
            line-height:62px;
        }
        .oauth-item span{
            margin-left:5px;
        }
        .oauth-item img{
            width:2em;
            height:2em;
            vertical-align:-0.8em;
        }
        .space{
            height:8px;
            width:100%;
            background:#ccc;
        }
        /* 阿里图标库 */
        .icon {
            width:1em;
            height:1em;
            vertical-align:-0.15em;
            fill:currentColor;
            overflow:hidden;
            font-size:25px;
        }
        /* 其他登录动画 */
        .up-enter-active, .up-leave-active {
            transition:all .5s;
        }
        .up-enter, .up-leave-to{
            opacity:1;
            transform:translateY(100%);
        }
    }
</style>
```

运行项目,单击底部导航栏中的"我"按钮时,会跳转到手机登录组件,如图15-20所示;在输入框中输入正确的手机格式,"获取短信验证码"的按钮将变为激活状态,如图15-21所示。单击"其他方式登录"按钮,弹出其他的登录方式,如图15-22所示。

图 15-20　登录组件效果　　图 15-21　登录验证　　图 15-22　其他登录方式

当输入正确的手机格式后,单击"获取短信验证码"按钮将跳转到Code.vue组件。在views文件夹下创建Code.vue组件。其中包括一个60秒的倒计时和输入框,如图15-23所示;当输入正确的验证码后,"登录"按钮变为激活状态,如图15-24所示;单击"登录"按钮后,将跳转到个人信息界面。

图 15-23　倒计时效果　　图 15-24　输入验证码效果

Code.vue 组件的代码如下:

```
<template>
    <div class="sign">
        <div class="sign-header">
```

```html
            <router-link to="/sign" tag="span" class="iconfont icon-
            jiantou3"></router-link>
            <span>帮助</span>
        </div>
        <div class="sign-content">
            <div class="des">
                <h2>请输入验证码</h2>
                <p>验证码已通过短信发送至+86 13319921407</p>
            </div>
            <div class="sign-box">
                <div class="inp">
                    <input @input="changeCode" v-model="code" type="text"
                    class="inp-controll" placeholder="请输入手机验证码" />
                </div>
                <div class="sele">
                    {{time}}
                </div>
            </div>
            <div class="code-btn">
                <button @click="clickFun" :disabled="disabled"
                :class="[btnBg?'active':'']" class="load-btn"><div class=
                "loads" v-if="loading"></div>登录</button>
            </div>
        </div>
    </div>
</template>
<script>
    export default{
        name:"Tbsign",
        data(){
            return{
                time:60,
                code:'',
                disabled:true,
                btnBg:false,
                loading:false
            }
        },
        created(){
            this.timer();
            this.getCode();
        },
        methods:{
            getCode(){
            this.codes='123456';
            },
            // 检测验证码是否一致
            changeCode(e){
                this.code=e.target.value;
                if(this.code==this.codes){
                this.disabled=false,
                this.btnBg=true;
                    this.loading=true;   //验证码正确才显示loading
                }else{
                    console.log('验证码错误')
                }
            },
            clickFun(){
                this.$router.push({ path:"/me"})
            },
```

```
            // 60秒倒计时
            timer(){
                if(this.time>0){
                    this.time--;
                    setTimeout(this.timer,1000);
                }else{
                    console.log(1)
                }
            }
        }
    }
</script>
<style scoped>
    .sign{
        padding:30px;
    }
    .sign-header{
        display:flex;
        justify-content:space-between;
    }
    .sign-header .iconfont{
        font-size:25px;
    }
    .sign-content{
        padding:40px 10px;
    }
    .des{
        margin-bottom:15px;
    }
    .des h2{
        font-size:24px;
        font-weight:bold;
        color:#000000;
    }
    .des p{
        line-height:40px;
        color:#666;
        font-size:14px;
    }
    .des p a{
        color:#628db8;
    }
    .sign-box{
        display:flex;
        height:50px;
        align-items:center;
        background-color:#f9f9f9;
        margin-top:12px;
        justify-content:space-between;
    }
    .sele{
        margin-right:20px;
        color:#666;
    }
    .inp-controll{
        background-color:#f9f9f9;
        height:36px;
        margin-left:10px;
        border:none;
        width:90%;
```

```
        outline:none;
    }
    input{
        caret-color:#fe2c55;
    }
    input::-webkit-input-placeholder{
        color:#666;
    }
    .code-btn button{
        margin:20px 0;
        width:100%;
        padding:15px 0;
        border:none;
        color:#f9f9f9;
    }
    .code-btn .active{
        color:#fff;
        background-color:#FE2C55;
    }
    .load-btn{
        display:flex;
        justify-content:center;
    }
    .loads{
        width:14px;
        height:14px;
        border:3px solid #fff;
        border-bottom:3px solid #ccc;
        border-radius:50%;
        animation:load 1s infinite linear;
        margin-right:5px;
    }
    @keyframes load{
        from{
            transform:rotate(0deg);
        }
        to{
            transform:rotate(360deg);
        }
    }
</style>
```

15.7.3 密码登录组件

在 views 文件夹下创建密码登录组件 Tbsign.vue。

在大多数网站上，输入手机号和密码时，判断输入的内容是否符合要求或者是否为空，将弹出一个消息来说明。在本项目中，自定义一个弹出组件，在 components 文件夹下创建 toast 文件夹，然后在 toast 文件夹下创建 Toast.vue 组件，在这个组件中设计弹出消息的一些样式，具体代码如下：

```
<template>
    <div class="toast-box">
        <transition name="toast">
            <div class="toast" v-show="show" :class="type">
                <p>{{message}}</p>
            </div>
        </transition>
```

```vue
            </div>
        </template>
        <script>
            export default{
                name:"Toast",
                data(){
                    return{
                        message:'123456',
                        show:false,
                        type:''
                    }
                }
            }
        </script>
        <style scoped>
            .toast{
                position:fixed;
                left:50%;
                top:30%;
                    transform:translate(-50%,-50%);
                    background-color:rgba(0,0,0,.5);
                color:#fff;
                text-align:center;
                border-radius:4px;
                line-height:18px;
                font-size:14px;
                padding:6px 10px;
            }
            .sucess{
             background-color:rgba(0,0,0,.5);
            }
            .error{
                background-color:#FE2C55;
            }
            .toast-enter-to, .toast-leave{
                opacity:1;
            }
            .toast-enter-active, .toast-leave-active {
                transition:all ease 0.5s;
            }
            .toast-enter, .toast-enter-to{
                opacity:0;
            }
        </style>
```

组件定义完成后，还需要实例化组件，在 components/toast 下创建 toast.js 文件，其中定义了弹出的内容和持续显示的时间，具体代码如下：

```js
import Vue from'vue'
// 引入静态组件
import toast from'./Toast.vue'
// 返回一个扩展实例构造器
let Toast=Vue.extend(toast)
letinstance
// 设置一个定时器
let timer=null
// 设置参数
// 定义弹出组件的函数，接收2个参数，要显示的文本和显示时间
let toastMsg=(options)=>{
```

```js
        if(!instance){
            // 创建实例
            instance=new Toast()
         // 动态地把toast.vue挂载到body上
                document.body.append(instance.$mount().$el)
        }
        // 默认时间
        instance.duration=2000;
        if(typeof options==='string'){
            instance.message=options
                }else if(typeof options==='object'){
            instance.type=options.type
            instance.message=options.message
            instance.duration=options.duration||2000
        }else{
            return
        }
        instance.show=true
        timer=setTimeout(()=>{
            instance.show=false
            clearTimeout(timer)
            timer=null
        },instance.duration)
}
export default toastMsg
```

实例化完成后，在 main.js 文件中全局调用：

```js
// 自定义弹窗
import Toast from'./components/toast/toast.js'
// 将组件注册到Vue的原型链,这样就可以在所有Vue的实例里面使用this.$toast()
//注册全局组件
Vue.prototype.$toast=Toast
```

到这里自定义的弹出组件就配置完了，在密码登录组件中就可以使用它了。

```html
<template>
    <div class="sign">
        <div class="sign-header">
            <router-link to="/sign" tag="span" class="iconfont icon-jiantou3"></router-link>
            <span>帮助</span>
        </div>
         <div class="sign-content">
        <div class="des">
            <h2>手机号登录</h2>
        </div>
        <div class="sign-box">
            <div class="sele">
              <select v-model="telErea" class="sele-controll">
                   <option value="">+86</option>
                </select>
            </div>
            <div class="inp">
                <input @keyup="loginAction" v-model="phone" type="text" class="inp-controll" placeholder="请输入手机号" />
            </div>
        </div>
```

```html
            <div class="sign-box">
                <div class="inp">
                    <input @keyup="loginAction" v-model="password" type="password"
                    class="inp-controll" placeholder="请输入密码" />
                </div>
            </div>

            <div class="not-sign">
              <p>登录即表明同意<a href="">抖音协议</a>和<a href="">隐私协议</a></p>
            </div>
            <div class="code-btn">
              <button @click="loginAction" :disabled="disabled"
              :class="[btnBg?'active':'']">登录</button>
            </div>
            <div class="other">
                <span>忘记了? <a href="">登录密码</a></span>
            </div>
        </div>
    </div>
</template>
<script>
    export default{
        name:"Tbsign",
        data(){
            return{
                telErea:'',
                password:'',
                disabled:true,
                btnBg:false,
                phone:''
            }
        },
        methods:{
            loginAction(){
                var reg=/^1[345789]{1}\d{9}$/;
                if(this.phone==""){
                //调用自定义弹出组件
                    this.$toast('手机号不能为空')
                }else if(!reg.test(this.phone)){
                    this.$toast({
                        message:"请填写正确的手机号码",
                      type:"error",
                        duration:3000,
                    })
                }else if(this.password==""){
                    this.$toast({
                        message:"密码不能为空",
                      type:"error",
                        duration:3000,
                    })
                    return
                }else{
                    this.disabled=false;
                    this.btnBg=true;
                }
                // 请求登录接口
                if(this.password==123456){
                    this.$router.push("/me")
                }
```

```
            }
        }
    }
</script>
<style scoped>
    .sign{
        padding:30px;
    }
    .sign-header{
        display:flex;
        justify-content:space-between;
    }
    .sign-header .iconfont{
        font-size:25px;
    }
    .sign-content{
        padding:40px 10px;
    }
    .des{
        margin-bottom:30px;
    }
    .des h2{
        font-size:24px;
        font-weight:bold;
        color:#000000;
    }
    .des p{
        line-height:50px;
        color:#666;

    }
    .des,.not-sign p a{
        color:#628db8;
    }
    .sign-box{
        display:flex;
        height:50px;
        align-items:center;
        background-color:#f9f9f9;
        margin-top:12px;
    }
    .sele-controll{
        background-color:#f9f9f9;
        height:36px;
        font-weight:bold;
        margin-left:5px;
        border:none;
        outline:none;
    }
    .inp-controll{
        background-color:#f9f9f9;
        height:36px;
        margin-left:10px;
        border:none;
        width:90%;
        outline:none;
    }
    input{
        caret-color:#fe2c55;
```

```css
}
input::-webkit-input-placeholder{
    color:#666;
}
.not-sign p{
    color:#666;
    font-size:14px;
    margin-top:10 ;
}
.code-btn button{
    margin:20px 0;
    width:100%;
    padding:15px 0;
    border:none;
    color:#f9f9f9;
}
.code-btn .active{
    color:#fff;
    background-color:#FE2C55;
}
.other{
    display:flex;
    justify-content:space-between;
}
.other a{
    color:#628db8;
}
</style>
```

运行项目，打开http://localhost:8080/#/tbsign，在手机输入框中输入不规范的手机号，就会弹出"请填写正确的手机号码"，如图15-25所示；输入正确格式的手机号码，效果如图15-26所示。

图15-25 弹出组件效果　　　　图15-26 手机格式输入正确效果

15.8 个人信息组件

个人信息组件由信息组件和修改信息组件构成。在登录组件中通过登录进入个人信息组件。

15.8.1 配置登录组件的路由

在 router.js 文件中配置，由于信息组件已经在 Home 组件中配置过了，这里只需要配置修改组件即可。

```
{
    path:'/edit',
    name:'/edit',
    component:()=> import('./views/me/Edit.vue')
},
```

15.8.2 信息组件

在 views/me 文件夹下创建信息组件 Me.vue，在信息组件中展示用户的信息以及喜欢的作品和动态。具体实现代码如下：

```
<template>
    <div class="me">
        <div class="me-top" :style="bgPic">
            <div class="menu-box">
                <div class="menu-icon"></div>
            </div>
        </div>
        <div class="me-warp">
            <div class="me-content">
                <div class="info">
                    <img src="../../../public/images/head.jpg"/>
                    <button class="btn" @click="toRouter">编辑资料</button>
                    <button class="btn">+朋友</button>
                </div>
                <div class="des">
                    <h2>爱学习的孩子</h2>
                    <span>抖音号：123456</span>
                    <p>每个人都有一定的理想，这种理想决定着他努力和判断的方向。</p>
                </div>
                <div class="user-tag">
                    <span>26岁</span>
                    <span>北京 朝阳</span>
                    <span>+添加学校等标签</span>
                </div>
                <div class="user-tag2">
                    <span><a>666</a>获赞</span>
                    <span><a>6</a>关注</span>
                    <span><a>66</a>粉丝</span>
                </div>
                <div class="me-ab">
                    好好学习天天向上
                </div>
            </div>
            <div class="me-tab">
                <div class="me-navbar">
                    <div class="item" @click="changeTab(0)"
                    :class="indexTab==0?'active':'' ">作品 11</div>
                    <div class="item" @click="changeTab(1)"
                    :class="indexTab==1?'active':'' ">动态 22</div>
```

```html
                    <div class="item" @click="changeTab(2)"
                        :class="indexTab==2?'active':''  ">喜欢 33</div>
                </div>
                <div class="tab-wrap">
                    <div class="tab-con" v-show="indexTab==0">
                        <div class="tab-img">
                            <img src="../../../public/images/001.jpg" />
                            <img src="../../../public/images/002.jpg" />
                            <img src="../../../public/images/003.jpg" />
                        </div>
                    </div>
                    <div class="tab-con" v-show="indexTab==1">
                        <div class="tab-img">
                            <img src="../../../public/images/001.jpg" />
                            <img src="../../../public/images/002.jpg" />
                            <img src="../../../public/images/003.jpg" />
                        </div>
                    </div>
                    <div class="tab-con" v-show="indexTab==2">
                        <div class="tab-img">
                            <img src="../../../public/images/004.jpg" />
                            <img src="../../../public/images/005.jpg" />
                            <img src="../../../public/images/006.jpg" />
                        </div>
                    </div>
                </div>
            </div>
        </div>
    </div>
</template>
<script>
    export default{
        name:"Me",
        data(){
            return{
                bgPic:{
                    backgroundImage:'url('+require('../../../public/images/bg.jpg')+')',
                    backgroundRepeat:'no-repeat',
                    backgroundSize:'100% 100%'
                },
                indexTab:0,
            }
        },
        methods:{
            changeTab(index){
                this.indexTab=index;
            },
            toRouter(){
                this.$router.push('/edit')
            }
        }
    }
</script>
<style scope>
    .me{position:relative;}
    .me-top{
        height:160px;
```

```css
    display:flex;
    justify-content:flex-end;
    padding:20px;
}
.menu-box{
    width:30px;
    height:30px;
    border-radius:50% ;
    background:rgba(0,0,0,.3);
    display:flex;
    align-items:center;
    justify-content:center;
}
.menu-icon{
    background:#ffffff;
    border-top:2px solid #ffffff;
    border-bottom:2px solid #ffffff;
    background-clip:content-box;
    width:18px;
    height:2px;
    padding:5px 0;
}
.me-warp{
    position:absolute;
    top:140px;
    width:100%;
    background:#101821;
    color:#fff;
}
.me-content{
    padding:0 20px;
}
.info{
    display:flex;
    align-items:center;
    justify-content:space-between;
    /* padding-bottom:20px; */
}
.info img{
    height:100px; width:100px;
    border-radius:50%;
    margin-right:20px;
}
.info .btn{
    height:40px;
    padding:0 24px;
    background-color:#393842;
    border:none;
    outline:none;
    color:#fff;
}
.des{
    padding:20px 0;
}
.des h2{
    font-size:24px;
    font-weight:bold;
}
```

```css
.des span{
    padding:10px 0 15px 0;
    display:block;
}
.des p{
    line-height:24px;
}
.user-tag span{
    font-size:14px;
    color:#cccccc;
    margin-right:5px;
    background:rgba(0,0,0,.6);
    padding:5px 8px;
}
.user-tag2{
    padding:20px 0;
}
.user-tag2 span{
    font-size:14px;
    margin-right:15px;
    color:#cccccc;
}
.user-tag2 a{
    margin-right:5px;
    color:#fff;
}
.me-ab{
    background:red;
    text-align:center;
    padding:10px 0;
    border-radius:4px;
}
.me-tab{
    height:300px;
}
.me-navbar{
    display:flex;
    padding:0 20px;
    justify-content:space-between;
    align-items:center;
}
.me-navbar .item{
    padding:10px 25px;
    color:#CCCCCC;
}
.me-navbar .active{
    border-bottom:2px solid #ffdf0e;
    color:#FFFFFF;
}
.tab-img img{
    width:33.3%;
}
</style>
```

运行项目，单击底部导航中的"我"按钮，进入登录组件，登录成功后将进入个人信息组件，效果如图15-27所示。

图 15-27　个人信息组件效果

15.8.3　修改信息组件

在 views/me 文件夹下创建修改信息组件 Edit.vue，在组件中可以更换头像以及更改个人信息。具体代码如下：

```
<template>
    <div class="edit">
        <myheader title="编辑资料" hasLeft="true" rightTxt="false" @changeBack="toBack"></myheader>
        <div class="edit-wrap">
            <div class="ava-box">
                <div class="avatar">
                    <img src="../../../public/images/head.jpg" alt="">
                    <span class="iconfont icon-xiangji"></span>
                    <input type="file">
                </div>
                <p>点击更换头像</p>
            </div>
            <div class="edit-box">
                <div class="edit-item">
                    <span class="label">名字</span>
                    <span class="label">名字
                        <span class="iconfont icon-arrow-right"></span>
                    </span>
                </div>
                <div class="edit-item">
                    <span class="label">抖音号</span>
                    <span class="label">1234546789
```

```html
                    <span class="iconfont icon-arrow-right"></span>
                </span>
            </div>
            <div class="edit-item">
                <span class="label">简介</span>
                <span class="label">失败是成功之母
                    <span class="iconfont icon-arrow-right"></span>
                </span>
            </div>
            <div class="edit-item">
                <span class="label">学校</span>
                <span class="label">点击设置
                    <span class="iconfont icon-arrow-right"></span>
                </span>
            </div>
            <div class="edit-item">
                <span class="label">性别</span>
                <span class="label">女
                    <span class="iconfont icon-arrow-right"></span>
                </span>
            </div>
            <div class="edit-item">
                <span class="label">生日</span>
                <span class="label">1991-1-1
                    <span class="iconfont icon-arrow-right"></span>
                </span>
            </div>
            <div class="edit-item">
                <span class="label">地区</span>
                <span class="label">中国 北京
                    <span class="iconfont icon-arrow-right"></span>
                </span>
            </div>
        </div>
    </div>
</template>
<script>
    import Myheader from'../../components/header/Myheader.vue'
    export default{
        name:'Edit',
        components:{
            Myheader
        },
        methods:{
            toBack(){
                this.$router.push('/me')
            }
        }
    }
</script>
<style scoped>
    .edit{
        background:#101821;
        height:100vh;
    }
    .edit-wrap{
        padding:0 10px;
        box-sizing:border-box;
```

```css
        }
        .ava-box{
            color:#cccccc;
            text-align:center;
            padding:20px;
        }
        .avatar{position:relative;}
        .avatar img{
            height:100px;
            width:100px;
            border-radius:50px;
            margin-bottom:16px;
            opacity:.6;
        }
        .avatar .iconfont{
            position:absolute;
            left:50%;
            top:40%;
            transform:translate(-50%,-50%);
            font-size:26px;
            color:#FFFFFF;
        }
        .avatar input{
            position:absolute;
            left:50%;
            top:40%;
            width:50%;
            transform:translate(-50%,-50%);
            opacity:0;
        }
        .edit-box{
            border-top:1px solid #292831;
            color:#cccccc;
        }
        .edit-item{
            display:flex;
            justify-content:space-between;
            line-height:55px;
        }
        .edit-item .label{
            color:#FFFFFF;
        }
        .edit-item .iconfont{
            margin-right:10px;
        }
    </style>
```

运行项目，在信息组件中单击"编辑资料"按钮可进入修改信息组件，如图 15-28 所示。

图 15-28 修改信息组件效果

第16章 开发在线外卖App

本章将模仿"饿了么"App开发一款在线外卖App。它是基于Vue2 +Vue-Router + ES6 +Webpack技术的一个App,很适合读者进阶学习。

16.1 项目概述

本项目主要实现以下功能。
（1）商品滚动,商品滚轮滚动。
（2）商品联动。
（3）加入购物车,移除购物车。
（4）显示评论,评论筛选。
（5）图片左右滑动。
（6）商品详情,父子组件的通信。

16.1.1 开发环境

首先需要安装node.js和NPM,一般情况下node.js中已经集成了NPM。然后安装Vue脚手架（Vue-cli）以及创建项目,具体的安装步骤请参考第11章。

对于项目的调试,是在谷歌浏览器的控制台进行模拟。打开浏览器后,按下键盘上的F12键,然后单击"切换设备工具栏"进入移动端的调试界面,可以选择相应的设备进行调试,如图16-1所示。

图16-1 项目调试效果

16.1.2 技术概括

本项目主要使用的技术说明如下。

（1）Vue-cli：Vue-cli 是 Vue 官方支持的一个脚手架，会跟随版本进行迭代更新。它有一套成熟的 Vue 项目架构设计，能够快速初始化 Vue 项目；还提供了一套本地的 node 测试服务器，使用 Vue-cli 自己提供的命令，就可以启动服务器；可以集成打包上线方案。另外，还具有模块化、转译、预处理、热加载、静态检测和自动化测试等优点。

（2）Vue：是一套构建用户界面、以视图为核心、以数据为驱动的组件化框架。只要把数据传入编译好的模板中，便能渲染出想要的视图。

（3）Vue-Router：是 Vue.js 官方的路由管理器。它和 Vue.js 的核心深度集成，让构建单页面应用变得易如反掌。

（4）Stylus：是 CSS 的预处理框架。Stylus 给 CSS 添加了可编程的特性，在 Stylus 中可以使用变量、函数、判断、循环等一系列 CSS 没有的东西来编写样式文件，最后再把这个文件编译成 CSS 文件进行使用即可。

（5）Webpack：Webpack 是现代 JavaScript 应用程序的模块打包器（module bundler）。当 Webpack 处理应用程序时，它会递归地构建一个依赖关系图（dependency graph），其中包含应用程序需要的每个模块，然后将所有这些模块打包成一个或多个包。

（6）Vue-Resource：Vue-Resource 是 Vue.js 的一款插件，它可以通过 XMLHttpRequest 或 JSONP 发起请求并处理响应。

（7）vue-infinite-scroll：无限加载功能插件。

16.1.3 项目结构

项目结构如图 16-2 所示，其中 src 文件夹是项目的源码目录，如图 16-3 所示。

图 16-2　项目结构　　　　　　　　图 16-3　src 文件夹

项目结构中的主要文件说明如下。

（1）build：构建服务和 Webpack 配置。

（2）config：项目不同环境的配置。

（3）index.html：项目入口页面文件。

（4）package.json：项目配置文件。

src 文件夹目录说明如下。

（1）common：包括共用的字体图标、JavaScript 文件、模拟的 JSON 数据和 CSS 样式。
（2）components：项目组件文件夹。
（3）App.vue：模板入口文件。
（4）main.js：程序入口文件，其中包含项目的路由设置。

16.2 入口文件

入口文件有 index.html、main.js 和 App.vue 三个文件。下面看一下具体的介绍。

16.2.1 项目入口文件（index.html）

index.html 是项目默认的主渲染页面文件，主要是一些引用文件。具体代码如下：

```html
<!DOCTYPE html>
<html>
  <head>
    <meta charset="utf-8">
    <title>eleme</title>
    <meta name="viewport" content="width=device-width,inital-scale=1.0,maximum-scale=1.0,user-scalable=no">
    <link rel="stylesheet" href="static/css/reset.css" type="text/css">
  </head>
  <body>
    <div id="app">
      <!-- route outlet -->
<!--路由匹配的组件将在这里呈现-->
      <router-view></router-view>
    </div>
  </body>
</html>
```

16.2.2 程序入口文件（main.js）

main.js 是程序入口文件，加载各种公共组件以及初始化 Vue 实例，本项目的路由也在该文件中完成。具体代码如下：

```js
import Vue from'vue';
import VueRouter from'vue-router';
import VueResource from'vue-resource';
import App from'./App';
import goods from'./components/goods/goods.vue';
import ratings from'./components/ratings/ratings.vue';
import seller from'./components/seller/seller.vue';
import'common/stylus/index.styl';
// 安装 VueRouter插件
/* eslint-disable no-new */
Vue.use(VueRouter);
Vue.use(VueResource);
let routes = [
    {path:'/', name:'index', component:App, children:[{path:'/goods', component:goods}, {path:'/ratings', component:ratings}, {path:'/seller', component:seller}]}
    ];
```

```
let router = new VueRouter({
  'linkActiveClass':'active',
   routes  // （缩写）相当于 routes:routes
});
let app = new Vue({
  router
}).$mount('#app');
  router.push('/goods');
export default app;
```

16.2.3　组件入口文件（App.vue）

App.vue 是项目的根组件，所有的页面都是在 App.vue 下切换的，可以理解为所有组件都是 App.vue 的子组件。

```
<template>
  <div>
    <!-- 头部 -->
    <v-header :seller="seller"></v-header>
    <!-- 主体切换 -->
    <div class="tab border-1px">
      <div class="tab-item">
        <router-link v-bind:to="'/goods'">
            商品
        </router-link>
      </div>
      <div class="tab-item">
        <router-link to="/ratings">
            评论
        </router-link>
      </div>
      <div class="tab-item">
        <router-link to="/seller">
            商家
        </router-link>
      </div>
    </div>
    <!-- 头部 -->
    <keep-alive>
      <router-view :seller="seller"></router-view>
    </keep-alive>
  </div>
</template>
<script type="text/ecmascript-6">
  import header from './components/header/header.vue';
  import {urlParse} from'common/js/util';
  import data from'common/json/data.json';
  export default {
    data(){
      return {
        seller:{},
        id:(() => {
          let queryParam = urlParse();
          console.log(queryParam);
          return queryParam.id;
        })()
      };
    },
```

```
      created(){
        this.seller = data.seller;
      },
      components:{
        'v-header':header
      }
    };
</script>
<style lang="stylus" rel="stylesheet/stylus">
  @import"common/stylus/mixin.styl";

  .tab {
    display:flex;
    width:100%;
    height:40px;
    line-height:40px;
  border-1px(rgba(7,17,27,0.1));
  }
  .tab .tab-item {
    flex:1;
    text-align:center;
  }
  .tab .tab-item a {
    display:block;
    font-size:14px;
    color:rgb(77,85,93);
  }
  .tab .tab-item .active {
    color:rgb(240,20,20);
  }
</style>
```

16.3 项目组件

项目的所有组件都在 components 文件夹中定义，具体组件内容请看下面的介绍。

16.3.1 头部组件（header.vue）

头部组件展示了商家的简单信息，如图 16-4 所示。当单击公告和"5 个"时，将显示公告详细的优惠信息和公告内容，如图 16-5 所示。

图 16-4 头部组件效果　　　　图 16-5 公告详细的优惠信息和公告内容

具体的实现代码如下：

```html
<template>
  <div class="header">
    <div class="content-wrapper">
      <div class="avatar">
        <img width="64" height="64" :src="seller.avatar">
      </div>
      <div class="content">
        <div class="title">
          <span class="brand"></span>
          <span class="name">{{seller.name}}</span>
        </div>
        <div class="description">
          {{seller.description}}/{{seller.deliveryTime}}分钟送达
        </div>
        <div v-if="seller.supports" class="support">
          <span class="icon" :class="classMap[seller.supports[0].type]"></span>
          <span class="text">{{seller.supports[0].description}}</span>
        </div>
      </div>
      <div v-if="seller.supports" class="supports-count" @click="showDetail">
        <span class="count">{{seller.supports.length}}个</span>
        <i class="icon iconfont icon-zuoyoujiantou"></i>
      </div>
    </div>
    <div class="bulletin-wrapper" @click="showDetail">
      <span class="bulletin-title"></span><span class="bulletin-text">{{seller.bulletin}}</span>
      <i class="icon iconfont icon-zuoyoujiantou"></i>
    </div>
    <div class="background">
      <img :src="seller.avatar" alt="" class="" width="100%" height="100%">
    </div>
    <transition name="fade">
      <div v-show="detailShow" class="detail" @click="hideDetail" transition="fade">
      <div class="detail-wrapper clearFix">
        <div class="detail-main">
          <h1 class="name">{{seller.name}}</h1>
          <div class="star-wrapper">
            <star :size="48" :score="seller.score"></star>
          </div>
          <div class="title">
            <div class="line"></div>
            <div class="text">优惠信息</div>
            <div class="line"></div>
          </div>
          <ul v-if="seller.supports" class="supports">
            <li class="support-item" v-for="(item,index) in seller.supports">
              <span class="icon" :class="classMap[seller.supports[index].type]">
              </span>
              <span class="text">{{seller.supports[index].description}}</span>
            </li>
          </ul>
          <div class="title">
```

```
          <div class="line"></div>
          <div class="text">商家公告</div>
          <div class="line"></div>
        </div>
        <div class="bulletin">
          <p class="content">{{seller.bulletin}}</p>
        </div>
      </div>
    </div>
    <div class="detail-close" @click="hideDetail">
      <i class="iconfont icon-cha"></i>
    </div>
  </div>
  </transition>
  </div>
</template>
<script type="text/ecmascript-6">
  import star from'../star/star.vue';
  export default {
    props:{
      seller:{
        type:Object
      }
    },
    data(){
      return {
        detailShow:false
      };
    },
    methods:{
      showDetail(){
        this.detailShow = true;
      },
      hideDetail(){
        this.detailShow = false;
      }
    },
    created(){
      this.classMap = ['decrease','discount','special','invoice', 'guarantee'];
    },
    components:{
      star
    }
  };
</script>
<style lang="stylus" rel="stylesheet/stylus">
  @import "header.styl";
</style>
```

16.3.2　商品数量控制组件（cartControl.vue）

在商品组件中，可以看到每列商品的右下角有商品数量控制按钮，当单击按钮后，会出现增加或减少购买数量的效果，如图16-6所示。

图 16-6　商品数量控制组件

具体的实现代码如下：

```
<template>
  <div class="cartControl">
    <transition name="fade">
          <div class="cart-decrease" v-show="food.count>0" @click.stop.
            prevent="decreaseCart($event)">
        <transition name="inner">
        <span class="inner iconfont icon-jian"></span>
        </transition>
      </div>
    </transition>
     <span class="cart-count" v-show="food.count > 0 ">
       {{food.count}}
    </span>
      <span class="iconfont icon-jia cart-add" @click.stop.prevent="addCart($event)">
      </span>
  </div>
</template>
<script type="text/ecmascript-6">
  import Vue from'vue';
  export default {
    props:{
      food:{
        type:Object
      }
    },
    methods:{
      addCart(event){
        if (!event._constructed){
          // 去掉自带click事件的单击
          return;
        }
        if (!this.food.count){
          Vue.set(this.food, 'count', 1);
        } else {
          this.food.count++;
        }
          // 子组件通过$emit触发父组件的方法 increment
        this.$emit('increment', event.target);
      },
```

```
      decreaseCart(event){
        if (!event._constructed){
          // 去掉自带click事件的单击
          return;
        }
        this.food.count--;
      }
    }
  };
</script>
<style lang="stylus" rel="stylesheet/stylus">
  @import "cartControl.styl";
</style>
```

16.3.3 购物车组件（showcart.vue）

在购物车组件中，如果没有任何商品，是无法选择的，如图 16-7 所示。当选择商品后，购物车将被激活，如图 16-8 所示。这里实现了加入购物车和移除购物车的功能。

图 16-7　购物车默认状态　　　　图 16-8　选择商品后效果

单击购物车图标后，将显示我们选择的商品，如图 16-9 所示；在显示页面中可以增加或减少数量，也可以直接清空购物车。

单击"去结算"按钮将弹出购买商品花费的钱数，如图 16-10 所示。

图 16-9　单击购物车显示商品　　　　图 16-10　支付效果

具体的实现代码如下：

```
<template>
  <div>
    <div class="shopCart">
      <div class="content" @click="toggleList($event)">
        <div class="content-left">
          <div class="logo-wrapper">
            <div class="logo" :class="{'highlight':totalCount > 0}">
              <i class="iconfont icon-gouwuche" :class="{'highlight':totalCount
                > 0}"></i>
            </div>
            <div class="num" v-show="totalCount > 0">{{totalCount}}</div>
          </div>
            <div class="price" :class="{'highlight':totalPrice > 0}">
              ¥{{totalPrice}}</div>
            <div class="desc">另需配送费¥{{deliveryPrice}}元</div>
```

```html
          </div>
          <div class="content-right" @click.stop.prevent="pay">
            <div class="pay" :class="payClass">
              {{payDesc}}
            </div>
          </div>
        </div>
        <div class="ball-container">
          <div v-for="ball in balls">
            <transition name="drop" @before-enter="beforeEnter" @enter="enter"
              @after-enter="afterEnter">
              <div v-show="ball.show" class="ball">
                <div class="inner inner-hook">
                </div>
              </div>
            </transition>
          </div>
        </div>
        <transition name="fade">
          <div class="shopcart-list" v-show="listShow">
            <div class="list-header">
              <h1 class="title">购物车</h1>
              <span class="empty" @click="empty">清空</span>
            </div>
            <div class="list-content" ref="listContent">
              <ul>
                <li class="shopcart-food" v-for="food in selectFoods">
                  <span class="name">{{food.name}}</span>
                    <div class="price"><span>¥{{food.price * food.count}}</span>
                    </div>
                    <div class="cartControl-wrapper">
                      <cartControl :food="food"></cartControl>
                    </div>
                </li>
              </ul>
            </div>
          </div>
        </transition>
      </div>
      <transition name="fade">
        <div class="list-mask" v-show="listShow" @click="hideList()"></div>
      </transition>
    </div>
</template>
<script type="text/ecmascript-6">
  import cartControl from'../cartControl/cartControl.vue';
  import BScroll from'better-scroll';
  export default {
    props:{
      selectFoods:{
        type:Array,
        default(){
          return [{price:20, count:2}];
        }
      },
      deliveryPrice:{
        type:Number,
        default:0
      },
```

```js
      minPrice:{
        type:Number,
        default:0
      }
    },
    data (){
      return {
          balls:[{show:false}, {show:false}, {show:false}, {show:false},
            {show:false}],
        dropBalls:[],
        fold:true
      };
    },
    computed:{
      totalPrice(){
        let total = 0;
        this.selectFoods.forEach((food) => {
          total += food.price * food.count;
        });
        return total;
      },
      totalCount(){
        let count = 0;
        this.selectFoods.forEach((food) => {
          count += food.count;
        });
        return count;
      },
      payDesc(){
        if (this.totalPrice === 0){
          return '¥${this.minPrice}元起送';
        } else if (this.totalPrice < this.minPrice){
          let diff = this.minPrice - this.totalPrice;
          return '还差¥${diff}元起送';
        } else {
          return '去结算';
        }
      },
      payClass(){
        if (this.totalPrice < this.minPrice){
          return 'not-enough';
        } else {
          return 'enough';
        }
      },
      listShow(){
        if (!this.totalCount){
          this.fold = true;
          return false;
        }
        let show = !this.fold;
        if (show){
          this.$nextTick(() => {
            if (!this.scroll){
              this.scroll = new BScroll(this.$refs.listContent, {
                click:true
              });
            } else {
              this.scroll.refresh();
```

```js
          }
        });
      }
      return show;
    }
  },
  methods:{
    toggleList(){
      if (!this.totalCount){
        return;
      }
      this.fold = !this.fold;
    },
    empty(){
      this.selectFoods.forEach((food) => {
        food.count = 0;
      });
    },
    hideList(){
      this.fold = false;
    },
    pay(){
      if (this.totalPrice < this.minPrice){
        return;
      }
      window.alert('支付' + this.totalPrice + '元');
    },
    drop(el){
      for (let i = 0; i < this.balls.length; i++){
        let ball = this.balls[i];
        if (!ball.show){
          ball.show = true;
          ball.el = el;
          this.dropBalls.push(ball);
          return;
        }
      }
    },
    beforeEnter(el){
      let count = this.balls.length;
      while (count--){
        let ball = this.balls[count];
        if (ball.show){
          let rect = ball.el.getBoundingClientRect();
          let x = rect.left - 32;
          let y = -(window.innerHeight - rect.top - 22);
          el.style.display = '';
          el.style.webkitTransform = 'translate3d(0,${y}px,0)';
          el.style.transform = 'translate3d(0,${y}px,0)';
          let inner = el.getElementsByClassName('inner-hook')[0];
          inner.style.webkitTransform = 'translate3d(${x}px,0,0)';
          inner.style.transform = 'translate3d(${x}px,0,0)';
        }
      }
    },
    enter(el){
      this.$nextTick(() => {
        el.style.webkitTransform ='translate3d(0,0,0)';
        el.style.transform ='translate3d(0,0,0)';
```

```
          let inner = el.getElementsByClassName('inner-hook')[0];
          inner.style.webkitTransform ='translate3d(0,0,0)';
          inner.style.transform ='translate3d(0,0,0)';
        });
      },
      afterEnter(el){
        let ball = this.dropBalls.shift();
        if (ball){
          ball.show = false;
          el.style.display ='none';
        }
      }
    },
    components:{
      cartControl
    }
  };
</script>
<style lang="stylus" rel="stylesheet/stylus">
  @import "shopCart.styl";
</style>
```

16.3.4　评论内容组件（ratingselect.vue）

评论内容组件有 4 个功能，分别为查看全部的评论内容、满意的内容、吐槽的内容和只查看有内容的评价，效果如图 16-11 所示。这里实现了显示评论和评论筛选的功能。

图 16-11　评论内容组件效果

具体的实现代码如下：

```
<template>
  <div class="ratingselect">
    <div class="rating-type border-1px">
        <span class="block positive" @click="select(2, $event)"
          :class="{'active':selectType === 2}">{{desc.all}}<span
        class="count">{{ratings.length}}</span> </span>
      <span class="block positive" @click="select(0, $event)"
          :class="{'active':selectType === 0}">{{desc.positive}}<span
        class="count">{{positives.length}}</span></span>
      <span class="block negative" @click="select(1, $event)"
          :class="{'active':selectType === 1}">{{desc.negative}}<span
        class="count">{{nagatives.length}}</span></span></span>
    </div>
    <div class="switch" @click="toggleContent( $event)" :class="{'on':onlyContent}">
      <i class="iconfont icon-gou"></i>
```

```html
          <span class="text">只看有内容的评价</span>
        </div>
      </div>
    </template>
    <script type="text/ecmascript-6">
      const POSITIVE = 0;
      const NEGATIVE = 1;
      const ALL = 0;
      export default {
        props:{
          ratings:{
            type:Array,
            default(){
              return [];
            }
          },
          selectType:{
            type:Number,
            default:ALL
          },
          onlyContent:{
            type:Boolean,
            default:false
          },
          desc:{
            type:Object,
            default(){
              return {
                all:'全部',
                positive:'满意',
                negative:'吐槽'
              };
            }
          }
        },
        computed:{
          positives(){
            return this.ratings.filter((rating) => {
              return rating.rateType === POSITIVE;
            });
          },
          nagatives(){
            return this.ratings.filter((rating) => {
              return rating.rateType === NEGATIVE;
            });
          }
        },
        methods:{
          select (type, event){
            if (!event._constructed){
              return;
            }
            this.selectType = type;
            // 子组件通过 $emit触发父组件的方法 increment还可以传参
            this.$emit('increment', 'selectType', type);
            this.$emit('increment' ,this.counter);
          },
          toggleContent (event){
            if (!event._constructed){
```

```
          return;
        }
        this.onlyContent = !this.onlyContent;
        this.$emit('increment', 'onlyContent', this.onlyContent);
      },
      needShow(type, text){
        if (this.onlyContent && !text){
          return false;
        }
        if (this.selectType === ALL){
          return true;
        } else {
          return type === this.selectType;
        }
      }
    }
  };
</script>
<style lang="stylus" rel="stylesheet/stylus">
  @import"ratingselect.styl";
</style>
```

16.3.5 商品详情组件（food.vue）

在商品页面中，单击选择某个商品，将进入商品的详情页面。在详情页面中，可以查看商品的大图展示效果，以及买家对该商品的评论内容，如图 16-12 所示；还可以快捷地把商品加入购物车，效果如图 16-13 所示。

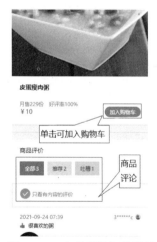

图 16-12　商品详情组件效果　　图 16-13　加入购物车效果

具体的实现代码如下：

```
<template>
  <transition name="fade">
    <div v-show="showFlag" class="food">
      <div class="fond-content">
        <div class="image-header">
          <img :src="food.image" alt="">
          <div class="back" @click="hide">
            <i class="iconfont icon-weibiaoti6-copy"></i>
          </div>
```

```html
      </div>
      <div class="content">
        <h1 class="title">{{food.name}}</h1>
        <div class="detail">
          <span class="sell-count">月售{{food.sellCount}}份</span>
          <span class="rating"> 好评率{{food.rating}}%</span>
        </div>
        <div class="price">
          <span class="now">¥{{food.price}}</span>
          <span class="old" v-show="food.oldPrice">¥{{food.oldPrice}}</span>
        </div>
        <div class="cartControl-wrapper">
          <cartControl :food="food"></cartControl>
        </div>
        <transition name="buy">
          <div class="buy" @click.stop.prevent="addFirst($event)" v-show="!food.count
            || food.count === 0">
              加入购物车
          </div>
        </transition>
      </div>
      <split></split>
      <div class="info" v-show="food.info">
        <h1 class="title">商品信息</h1>
        <p class="text">{{food.info}}</p>
      </div>
      <split></split>
      <div class="rating">
        <h1 class="title">商品评价</h1>
          <ratingselect @increment="incrementTotal" :select-type="selectType"
           :only-content="onlyContent" :desc="desc"
                    :ratings="food.ratings"></ratingselect>
        <div class="rating-wrapper">
          <ul v-show="food.ratings && food.ratings.length">
                <li v-show="needShow(rating.rateType, rating.text)"
                    class="rating-item border-1px"
                v-for="rating in food.ratings">
              <div class="user">
                <span class="name">{{rating.username}}</span>
                    <img width="12" height="12" :src=rating.avatar alt=""
                    class="avatar">
              </div>
              <div class="time">{{rating.rateTime | formatDate}}</div>
              <p class="text">
                <i class="iconfont"
                    :class="{'icon-damuzhi':rating.rateType === 0,'icon-
                    down':rating.rateType === 1,}"></i>
                {{rating.text}}
              </p>
            </li>
          </ul>
          <div class="no-rating" v-show="!food.ratings || food.ratings.length
            === 0"></div>
        </div>
      </div>
    </div>
  </div>
  </transition>
</template>
```

```html
<script type="text/ecmascript-6">
  import BScroll from 'better-scroll';
  import cartControl from '../cartControl/cartControl.vue';
  import split from'../split/split.vue';
  import ratingselect from'../ratingselect/ratingselect.vue';
  import Vue from'vue';
  import {formatDate} from'../../common/js/date';
  const ALL = 2;
  export default {
    props:{
      food:{
        type:Object
      }
    },
    data (){
      return {
        showFlag:false,
        selectType:ALL,
        onlyContent:true,
        desc:{
          all:'全部',
          positive:'推荐',
          negative:'吐槽'
        }
      };
    },
    methods:{
      show(){
        this.showFlag = true;
        this.selectType = ALL;
        this.onlyContent = true;
        this.$nextTick(() => {
          if (!this.scroll){
            this.scroll = new BScroll(this.$el, {
              click:true
            });
          } else {
            this.scroll.refresh();
          }
        });
      },
      incrementTotal(type, data){
        this[type] = data;
        this.$nextTick(() => {
          this.scroll.refresh();
        });
      },
      hide(){
        this.showFlag = false;
      },
      addFirst(event){
        if (!event._constructed){
          return;
        }
        Vue.set(this.food,'count', 1);
      },
      needShow(type, text){
        if (this.onlyContent && !text){
          return false;
```

```
          }
          if (this.selectType === ALL){
            return true;
          } else {
            return type === this.selectType;
          }
        }
      },
      filters:{
        formatDate(time){
          let date = new Date(time);
          return formatDate(date,'yyyy-MM-dd hh:mm');
        }
      },
      components:{
        cartControl,
        ratingselect,
        split
      }
    };
</script>
<style lang="stylus" rel="stylesheet/stylus">
  @import "food.styl";
</style>
```

16.3.6 星级组件（star.vue）

星级组件是循环渲染字体图标，效果如图 16-14 所示。

图 16-14 星级组件效果

```
<template>
  <div class="star">
    <div class="star-item" :class="starType">
        <span v-for="itemClass in itemClasses" :class="itemClass" class="star-
          item" ></span>
    </div>
  </div>
</template>
<script type="text/ecmascript-6">
  const LENGTH = 5;
  const CLS_ON ='on';
  const CLS_HALF ='half';
  const CLS_OFF ='off';
  export default {
    props:{
      size:{
        type:Number
      },
      score:{
        type:Number
      }
    },
    computed:{
```

```
      starType(){
        return 'star-' + this.size;
      },
      itemClasses(){
        let result = [];
        let score = Math.floor(this.score * 2) / 2;
        let hasDecimal = score % 1 !== 0;
        let integer = Math.floor(score);
        for (let i = 0; i < integer; i++){
          result.push(CLS_ON);
        }
        if (hasDecimal){
          result.push(CLS_HALF);
        }
        while (result.length < LENGTH){
          result.push(CLS_OFF);
        }
        return result;
      }
    }
  };
</script>
<style lang="stylus" rel="stylesheet/stylus">
  @import "star.styl";
</style>
```

16.3.7 商品组件（goods.vue）

在商品组件中，可以在左侧导航栏选择某种类型的商品，然后在列表中选择具体的商品，最后使用数量控制组件来选择数量。这里为了方便读者查看效果，把头部组件的效果也加了进来，效果如图 16-15 所示。

图 16-15　商品组件效果

具体的实现代码如下：

```
<template>
  <div class="good">
    <div class="menu-wrapper" ref="menuWrapper">
      <ul>
```

```html
            <li v-for="(item,index)in goods"class="menu-item border-1px" :class=
"{'current':currentIndex === index}"
              @click="selectMenu(index, $event)">
              <span class="text">
                <span v-show="item.type>0" class=" icon" :class="classMap[item.
                  type]"></span>{{item.name}}
              </span>
            </li>
          </ul>
        </div>
        <div class="foods-wrapper" ref="foodWrapper">
          <ul>
            <li v-for="item in goods" class="food-list food-list-hook">
              <h1 class="title">{{item.name}}</h1>
              <ul>
                <li v-for="food in item.foods" class="food-item" @click="selectFood(food,
                  $event)">
                  <div class="icon">
                    <img :src="food.icon" alt="" width="57">
                  </div>
                  <div class="content">
                    <h2 class="name">{{food.name}}</h2>
                    <p class="desc">{{food.description}}</p>
                    <div class="extra">
                        <span class="count">月售{{food.sellCount}}</span><span
                          class="count">好评{{food.rating}}</span>
                    </div>
                    <div class="price">
                      <span class="now">¥{{food.price}}</span><span class="old"
                        v-show="food.oldPrice">¥{{food.oldPrice}}</span>
                    </div>
                    <div class="cartControl-wrapper">
                    <cartControl :food="food" @increment="incrementTotal"></cartControl>
                    </div>
                  </div>
                </li>
              </ul>
            </li>
          </ul>
        </div>
        <div>
          <shopCart :select-foods="selectFoods" :delivery-price="seller.deliveryPrice"
                :min-price="seller.minPrice" ref="shopCart"></shopCart>
          <food :food="selectedFood" ref="food"></food>
        </div>
      </div>
    </template>
    <script type="text/ecmascript-6">
      import BScroll from'better-scroll';
      import shopCart from'../shopcart/shopCart.vue';
      import cartControl from'../cartControl/cartControl.vue';
      import food from'../food/food.vue';
      import data from'common/json/data.json';
      export default {
        props:{
          seller:{
            type:Object
          }
        },
```

```js
data (){
  return {
    goods:[],
    listHeight:[],
    scrolly:0,
    selectedFood:{}
  };
},
created(){
  this.goods = data.goods;
  this.$nextTick(() => {
    this._initScroll();
    this._calculateHeight();
  });
  this.classMap = ['decrease','discount','special','invoice','guarantee'];
},
computed:{
  currentIndex(){
    for (let i = 0; i < this.listHeight.length; i++){
      let height = this.listHeight[i];
      let height2 = this.listHeight[i + 1];
      if (!height2 || (this.scrolly >= height && this.scrolly < height2)){
        return i;
      }
    }
    return 0;
  },
  selectFoods(){
    let foods = [];
    this.goods.forEach((good) => {
      good.foods.forEach((food) => {
        if (food.count){
          foods.push(food);
        }
      });
    });
    return foods;
  }
},
methods:{
  _initScroll(){
    this.menuScroll = new BScroll(this.$refs.menuWrapper, {
      click:true
    });
    this.foodScroll = new BScroll(this.$refs.foodWrapper, {
      probeType:3,
      click:true
    });
    this.foodScroll.on('scroll', (pos) => {
      this.scrolly = Math.abs(Math.round(pos.y));
    });
  },
  _calculateHeight(){
    let foodList = this.$refs.foodWrapper.getElementsByClassName('food-list-hook');
    let height = 0;
    this.listHeight.push(height);
    for (let i = 0; i < foodList.length; i++){
      let item = foodList[i];
```

```
        height+= item.clientHeight;
        this.listHeight.push(height);
      }
    },
    selectMenu(index, event){
      if (!event._constructed){
        // 去掉自带click事件的单击
        return;
      }
      let foodList = this.$refs.foodWrapper.getElementsByClassName('food-list-hook');
      let el = foodList[index];
      this.foodScroll.scrollToElement(el,300);
    },
    selectFood(food, event){
      if (!event._constructed){
        // 去掉自带click事件的单击
        return;
      }
      this.selectedFood = food;
      this.$refs.food.show();
    },
    incrementTotal(target){
      this.$refs.shopCart.drop(target);
    }
  },
  components:{
    shopCart,
    cartControl,
    food
  }
};
</script>
<style lang="stylus" rel="stylesheet/stylus">
  @import "goods.styl";
</style>
```

16.3.8 评论组件（ratings.vue）

评论组件中包括两个方面的内容：商家综合评分和买家评论，效果如图 16-16 所示。

图 16-16 评论组件效果

具体实现代码如下：

```html
<template>
  <div class="ratings">
  <div>
    <div class="ratings-content">
      <div class="overview">
        <div class="overview-left">
          <h1 class="score">{{seller.score}}</h1>
          <div class="title">综合评分</div>
          <div class="rank">高于周边商家{{seller.rankRate}}%</div>
        </div>
        <div class="overview-right">
          <div class="score-wrapper">
            <span class="title">服务态度</span>
            <star :size="36" :score="seller.serviceScore"></star>
            <span class="score">{{seller.serviceScore}}</span>
          </div>
          <div class="score-wrapper">
            <span class="title">商品评分</span>
            <star :size="36" :score="seller.foodScore"></star>
            <span class="score">{{seller.foodScore}}</span>
          </div>
          <div class="delivery-wrapper">
            <span class="title">送达时间</span>
            <span class="delivery">{{seller.deliveryTime}}分钟</span>
          </div>
        </div>
      </div>
    </div>
    <split></split>
      <ratingselect  @increment="incrementTotal" :select-type="selectType"
       :only-content="onlyContent" :ratings="ratings"></ratingselect>
    <div class="rating-wrapper border-1px">
      <ul>
        <li v-for="rating in ratings" class="rating-item" v-show="needShow(rating.
          rateType, rating.text)">
          <div class="avatar">
            <img :src="rating.avatar" alt="" width="28" height="28">
          </div>
          <div class="content">
            <h1 class="name">{{rating.username}}</h1>
            <div class="star-wrapper">
              <star :size="24" :score="rating.score"></star>
              <span class="delivery" v-show="rating.deliveryTime">
                {{rating.deliveryTime}}
              </span>
            </div>
            <p class="text">{{rating.text}}</p>
            <div class="recommend" v-show="rating.recommend &&rating.recommend.
             length">
              <i class="iconfont icon-damuzhi"></i>
              <span  class="item" v-for="item in rating.recommend" >{{item}}<span>
            </div>
            <div class="time">
              {{rating.rateTime | formatDate}}
            </div>
          </div>
        </li>
```

```html
        </ul>
      </div>
    </div>
  </div>
</template>
<script type="text/ecmascript-6">
  import BScroll from 'better-scroll';
  import star from '../star/star.vue';
  import split from '../split/split.vue';
  import ratingselect from '../ratingselect/ratingselect.vue';
  import {formatDate} from '../../common/js/date';
  import data from 'common/json/data.json';
  const ALL = 2;
  export default {
    props:{
      seller:{
        type:Object
      }
    },
    data(){
      return {
        ratings:[],
        showFlag:false,
        selectType:ALL,
        onlyContent:true
      };
    },
    created(){
      this.ratings = data.ratings;
      this.$nextTick(() => {
        console.log(this.$el);
        this.scroll = new BScroll(this.$el, {click:true});
      });
    },
    methods:{
      incrementTotal(type, data){
        this[type] = data;
        this.$nextTick(() => {
          this.scroll.refresh();
        });
      },
      needShow(type, text){
        if (this.onlyContent && !text){
          return false;
        }
        if (this.selectType === ALL){
          return true;
        } else {
          return type === this.selectType;
        }
      }
    },
    filters:{
      formatDate(time){
        let date = new Date(time);
        return formatDate(date,'yyyy-MM-dd hh:mm');
      }
    },
    components:{
```

```
            star,
            split,
            ratingselect
        }
    };
</script>
<style lang="stylus" rel="stylesheet/stylus">
    @import "ratings.styl";
</style>
```

16.3.9 商家信息组件（seller.vue）

在商家信息组件中，设计了商家的星级和服务内容，以及商家的优惠活动和公告内容，如图16-17所示；接下来还设计了商家实景以及商家的相关信息，如图16-18所示。在商家实景中实现了图片左右滑动功能。

图 16-17　商家的星级和服务内容　　图 16-18　商家实景以及商家的相关信息

具体的实现代码如下：

```
<template>
  <div class="seller">
    <div class="seller-content">
      <div class="overview">
        <h1 class="title">{{seller.name}}</h1>
        <div class="desc border-1px">
          <star :size="36" :score="seller.score"></star>
          <span class="text">({{seller.ratingCount}})</span>
          <span class="text">月售{{seller.sellCount}}单</span>
        </div>
        <ul class="remark">
          <li class="block">
            <h2>起送价</h2>
            <div class="content">
              <span class="stress">{{seller.minPrice}}</span>元
            </div>
          </li>
          <li class="block">
            <h2>商家配送</h2>
            <div class="content">
              <span class="stress">{{seller.deliveryPrice}}</span>元
            </div>
```

```html
            </li>
            <li class="block">
              <h2>平均配送时间</h2>
              <div class="content">
                <span class="stress">{{seller.deliveryTime}}</span>分钟
              </div>
            </li>
          </ul>
          <div class="favorite" @click="toggleFavorite($event)">
            <i class="iconfont icon-aixin" :class="{'active':favorite}"></i>
            <span>{{favoriteText}}</span>
          </div>
        </div>
        <split></split>
        <div class="bulletin">
          <h1 class="title">公告与活动</h1>
          <div class="content-wrapper border-1px">
            <p class="content">{{seller.bulletin}}</p>
          </div>
          <ul v-if="seller.supports" class="supports">
            <li class="support-item" v-for="(item, index) in seller.supports">
              <span class="icon" :class="classMap[seller.supports[index].type]"></span>
              <span class="text">{{seller.supports[index].description}}</span>
            </li>
          </ul>
        </div>
        <split></split>
        <div class="pics">
          <h1 class="title">商家实景</h1>
          <div class="pic-wrapper" ref="picWrapper">
            <ul class="pic-list" ref="picList">
              <li class="pic-item" v-for="pic in seller.pics">
                <img :src="pic" width="120" height="120">
              </li>
            </ul>
          </div>
        </div>
        <split></split>
        <div class="info">
          <div class="title border-1px">商家信息</div>
          <ul>
            <li class="info-item" v-for="info in seller.infos">{{info}}</li>
          </ul>
        </div>
      </div>
    </div>
</template>
<script type="text/ecmascript-6">
  import star from '../star/star.vue';
  import split from '../split/split.vue';
  import BScroll from 'better-scroll';
  import {savaToLocal, loadFromlLocal} from '../../common/js/store';
  export default {
    props:{
      seller:{
        type:Object
      }
    },
    components:{
```

```
      star,
      split
    },
    data(){
      return {
        favorite:(() => {
          return loadFromlLocal(this.seller.id, 'favorite', false);
        })()
      };
    },
    computed:{
      favoriteText(){
        return this.favorite ? '已收藏' :'收藏';
      }
    },
    created(){
      if (!this.picScroll){
        if (this.seller.pics){
          this.$nextTick(() => {
            let picWidth = 120;
            let margin = 6;
            let width = (picWidth + margin) * this.seller.pics.length - margin;
            this.$refs.picList.style.width = width +'px';
            this.picScroll = new BScroll(this.$refs.picWrapper, {
              scrollX:true,
              eventPassthrough:'vertical'
            });
          });
        }
      } else {
        this.picScroll.refresh();
      }
      if (!this.scroll){
        this.$nextTick(() => {
          this.scroll = new BScroll(this.$el, {click:true});
        });
      } else {
        this.scroll.refresh();
      }
      this.classMap = ['decrease','discount','special','invoice','guarantee'];
    },
    methods:{
      _initScroll(){
      },
      toggleFavorite(event){
        if (!event._constructed){
          return;
        }
        this.favorite = !this.favorite;
        savaToLocal(this.seller.id,'favorite', this.favorite);
      }
    }
  };
</script>
<style lang="stylus" rel="stylesheet/stylus">
  @import "seller.styl";
</style>
```